AF525572

Heinz-Sigurd Raethel

Wachteln, Rebhühner, Steinhühner, Frankoline und Verwandte

Dr. Heinz-Sigurd Raethel

Wachteln, Rebhühner, Steinhühner, Frankoline

und Verwandte

5. überarbeitete Auflage

Oertel+Spörer

Bildnachweis
Titelbild: Rolf Nussbaumer (Arco Digital Images), Muss, Unfricht, Raethel
Innenteilbilder:
Aschenbrenner, S. 141; Bielfeld, S. 44, 49, 103, 166; John Cancalosi (Arco Digital Images), S. 23, 170; Fen-qi, S. 132, 134; Dr. Hagen, S. 61, 67, 71, 78, 80, 81, 82, 87, 90, 91, 92, 95; Heiko Hoeger, S. 157; Mary McDonald (Arco Digital Images), S. 16; Muss, S. 120, 129, 139, 142, 146, 155, 164; Rolf Nussbaumer (Arco Digital Images), S. 27, 176, 185; Johannes Pfleiderer, S. 13, 65, 86, 116, 121, 122, 189, 192; H. Reinhard (Arco Digital Images), S. 41, 47; Tierpark Berlin, S. 108, 114, 144, 145, 148; René Wüst, S. 55, 99, 151, 159; Zeininger, S. 130
Alle anderen Fotos und Zeichnungen vom Autor.

Haftungsausschluss

Bibliografische Information der Deutschen Nationalbibliothek
Die Deutsche Nationalbibliothek verzeichnet diese Publikation in der Deutschen Nationalbibliografie; detaillierte bibliografische Daten sind im Internet über http://dnb.d-nb.de abrufbar.

Postfach 1642 · 72706 Reutlingen

Lektorat: Dr. Gabriele Lehari
DTP und Repro: Oertel+Spörer GmbH + Co. KG, Reutlingen
Druck und Bindung: Oertel+Spörer Druck und Medien-GmbH+Co., Riederich
Printed in Germany
ISBN 978-3-88627-557-1

Inhalt

Vorwort

Seit Erscheinen der letzten Auflage dieses Buches über die kleinen Wildhuhnarten sind schon wieder über sechs Jahre vergangen, weshalb es an der Zeit ist, unser Wissen über diese interessanten Vögel auf den neuesten Stand zu bringen.

In vielen Ländern unserer Erde, vor allem denen der sogenannten Dritten Welt, werden Wildhühner gnadenlos bejagt und die waldbewohnenden Arten durch massive Rodungen ihres Lebensraumes beraubt. Aber auch Wildhühner unserer Heimat, wie das Rebhuhn, sind durch intensive landwirtschaftliche Maßnahmen, zum Beispiel weiträumige Monokulturen wie Maisanbau, Herbizid- und Insektizideinsatz sowie das Ausräumen Deckung spendender Feldhecken, in ihrem Bestand drastisch zurückgegangen.

Unser kleinstes Wildhuhn, die Wachtel, wird als Zugvogel nach herbstlicher Überquerung des Mittelmeeres alljährlich an den Küsten Nordafrikas von zahlreichen Fangnetzen empfangen, was bis zu hunderttausenden Tieren das Leben kostet. Eigentlich ist es fast ein Wunder, dass es in Europa überhaupt noch Wachteln gibt.

Um der Ausrottung der Wildhuhnarten durch den Menschen entgegenzuwirken, wird ihre Bejagung in den meisten Ländern Europas, Nordamerikas und Asiens gesetzlich geregelt, damit die Bestände in einer Schonzeit brüten und ihre Küken aufziehen können. Ferner sind zahlreiche Nationalparks gegründet worden, in denen überhaupt nicht gejagt werden darf.

Nehmen wir als Beispiel China, das über viele Nationalparks und Reservate verfügt und die Bejagung seiner zahlreichen Hühnervogelarten – 47 an der Zahl – mit Ausnahme des Fasans *(Phasianus colchicus)* per Gesetz verboten hat. Eine Entnahme sämtlicher anderer Phasianiden aus ihren Lebensräumen ist bei Arten der ersten Gefährdungskategorie nur mit Sondergenehmigung des Zentralministeriums in Beijing möglich, bei Arten der zweiten Gefährdungskategorie nur mit Erlaubnis der Forstbehörde der betreffenden Provinz. Leider werden diese vortrefflichen Schutzgesetze vor allem in den entlegenen Gebieten des chinesischen Riesenreiches häufig durch traditionelle Wilderei, meist in Form von Schlingenstellen, umgangen. In den Nationalparks und Reservaten können aber Wildhüter das Ärgste verhindern.

Einen starken Auftrieb für Halter und Züchter von Wildhühnern, Zoologen und Verhaltensforscher in aller Welt hat die Gründung der World Pheasant Association (WPA) im Jahr 1975 in England bewirkt. Sie hat es sich zur Aufgabe gemacht, mit vielen Erfolg versprechenden Methoden besonders die stark gefährdeten Arten frei lebender Wildhühner auf der ganzen Erde vor dem Aussterben zu bewahren. Viele Staaten, so auch die Bundesrepublik Deutschland, haben sich als Sektionen der WPA angeschlossen und arbeiten eng mit ihr zusammen. Innerhalb der WPA und ihrer Sektionen haben sich Focusgruppen gebildet, die sich schwerpunktmäßig der Erforschung und Zucht bestimmter Phasianidengruppen, so auch der Wachteln, Frankoline, Steinhühner sowie der amerikanischen Zahnwachteln, widmen.

Über die Lebensweise vieler Kleinhuhnarten ist noch sehr wenig bekannt. Dank der wissenschaftlichen Tätigkeit der WPA in vielen Ländern der Erde können wir mit Recht hoffen, dass sich das bald zum Besseren ändern wird.

Berlin, im Oktober 2012
Dr. Heinz-Sigurd Raethel

Die Welt der kleinen Wildhühner

Wachteln, Rebhühner, Steinhühner und Frankoline gehören zu der großen Gruppe der Hühnervögel (Ordnung Galliformes) und innerhalb dieser Ordnung zur Familie der Fasanenartigen Hühnervögel (Phasianidae). Und hier herrschte bei den Systematikern bis vor Kurzem auch eine weitgehende Übereinstimmung. Bislang wurden innerhalb der Phasianidae zwei Unterfamilien unterschieden, nämlich einerseits die neuweltlichen Zahnwachteln (Odontophorinae) mit neun Gattungen und 31 Arten und andererseits die sogenannten altweltlichen Feldhühner (Perdicinae) mit 37 Gattungen und 106 Arten. Hier finden sich so unterschiedliche Formen wie Wachteln, Frankoline, Bambushühner, Waldrebhühner, Straußwachteln, Steinhühner, Sandhühner, Rebhühner und Königshühner in einer Unterfamilie vereint.

Allerdings mehren sich mittlerweile die Stimmen derer, die die Neuweltwachteln in eine eigene Familie (Odontophoridae) stellen (Carroll, 1994) und die altweltlichen Arten als Unterfamilie Perdicinae innerhalb der Familie Phasianidae auffassen. Nach diesem System wären die eigentlichen Fasanen mit 49 Arten in 16 Gattungen ebenfalls eine Unterfamilie (Phasianinae) der Phasianidae. Die altweltlichen Wachteln, Frankoline, Steinhühner und ihre Verwandten sind nach dieser neueren Systematik in nur noch 22 Gattungen zusammengefasst worden – eine Reduktion, die durchaus nicht von allen Ornithologen unterstützt wird, weil die phylogenetischen Zusammenhänge bislang unklar sind (McGowan, 1994). Besonders betroffen sind hiervon die Frankoline.

Das Halsband-Frankolin zählt zu den altweltlichen Feldhühnern.

HINWEIS ZUR SYSTEMATIK

Da für die systematische Aufteilung der hier behandelten Hühnervögel aber immer noch keine Einigkeit erzielt wurde, wird die ursprüngliche Aufteilung innerhalb der Unterfamilie Perdicinae in diesem Buch beibehalten. Zusätzlich werden aber die anderen wissenschaftlichen Namen als Synonyme bei den betroffenen Gattungen bzw. Arten mit erwähnt, sodass sie jeweils unter beiden Bezeichnungen in diesem Buch aufzufinden sind.

Altweltliche Feldhühner

Die altweltlichen kleinen Hühnervögel, die oft unter den Sammelbegriffen Wachteln, Steinhühner, Rebhühner, Frankoline usw. zusammengefasst werden, sind neuerdings in der formenreichen Unterfamilie Perdicinae der Hühnervogelfamilie Phasianidae zugeordnet. Als Übergangsformen der Perdicinae zu den eigentlichen Fasanen der Unterfamilie Phasianinae werden von manchen Systematikern die Tragopane (Gattung *Tragopan*) und der Blutfasan *(Ithaginis cruentus)* angesehen – vor allem aufgrund von Verhaltensvergleichen. Untersuchungen der Verwandtschaftsbeziehungen durch die Protein-Elektrophorese haben außerdem ergeben, dass das Europäische Rebhuhn *(Perdix perdix)* nicht wirklich zu den Rebhühnern gehört, sondern eigentlich eine kleine Fasanenart darstellt (McGowan, 1994).

Das kleinste Altwelthuhn ist zweifellos die chinesische Zwergwachtel *(Excalfactoria chinensis)* mit einer Körpergröße von 12 bis 15 cm. Die größten Arten finden sich unter den Spornhühnern der Gattung *Galloperdix* mit bis zu 38 cm Körperlänge und einem Gewicht bis zu 450 g. Fast alle Arten habe ihre Verbreitung in Asien bzw. in Afrika und dem angrenzenden arabischen Raum. Lediglich einige Arten aus der Gattung *Coturnix* haben über den asiatischen Raum hinaus die Wallace-Linie „übersprungen" und sich über Neuguinea bis Australien, Tasmanien und früher sogar bis Neuseeland ausgebreitet, nämlich eine Unterart der Schwarzbrustwachtel *(Coturnix novaezelandiae novaezelandiae)*, die Tasmanien- oder Sumpfwachtel *(Synoicus ypsilophorus)* und die bereits erwähnte chinesische Zwergwachtel. Zwei Arten, das Alpensteinhuhn *(Alectoris graeca)* und das Rothuhn *(Alectoris rufa)*, haben ihr zentrales Verbreitungsgebiet in Südeuropa, das Rebhuhn *(Perdix perdix)* ist über weite Teile Mittel-, Süd- und Osteuropas verbreitet, und die eurasische Wachtel *(Coturnix coturnix)* schließlich – als einziger Zugvogel unter den europäischen Arten – brütet in Mittel-, Nord und Osteuropa, überwintert aber in der afrikanischen Sahelzone und in Indien.

Die altweltlichen kleinen Hühnervögel kommen in einer Vielzahl unterschiedlicher Lebensräume vor, bevorzugen jedoch offenes Gelände (Grasland, Steppen, Savannen), aber auch Wälder und Waldränder mit einer Vertikalverbreitung von Meereshöhe bis zur Schneegrenze. Das Nahrungsspektrum der Vögel ist ebenso variabel wie deren Formenvielfalt. Es gibt Arten, die sind beinahe reine Samen-, Früchte-, Knospen- und Pflanzenfresser, andere haben sich überwiegend oder ausschließlich auf Insekten und deren Larven spezialisiert, wiederum andere sind „Allesfresser" mit dem einen oder anderen Ernährungsschwerpunkt.

Der Status vieler Arten im Freiland ist bislang zu wenig bekannt, um daraus verlässliche Statusangaben und Bedrohungsfaktoren ableiten zu können. Nach dem gegenwärtigen Kenntnisstand gilt eine Form seit 1869 als ausgestorben (die neuseeländische Schwarzbrustwachtel *Coturnix novaezelandiae novaezelandiae*), eine als wahrscheinlich ausgestorben (die Himalaja-Bergwachtel *Ophrysia superciliosa*), eine weitere als vom Aussterben bedroht (das Schuppenbrust-Waldrebhuhn, auch Charlton-Buschwachtel genannt, *Arborophila charltonii*), neun gelten als gefährdet („endangered") und 20 als potenziell gefährdet („vulnerable"). Bei weiteren fünf Arten ist die gegenwärtige Datenlage so dürftig, dass keine verlässlichen Aussagen über deren Status möglich sind. Somit bleiben 75 Arten (67 %) der 106 Arten der Perdicinae, die gegenwärtig als nicht bedroht („least concern") gelten dürfen, wogegen bei den eigentlichen Fasanen nur ein Prozentsatz von etwa 29 % als nicht bedroht gilt (McGowan, 1994). Wie überall in der Welt – vor allem in den tropischen Gebieten – sind für den Rückgang der Tiere vor allem nachhaltige Lebensraumzerstörungen (Entwaldung, Umwandlung von Wald- in Anbauflächen) verantwortlich, hier und dort auch die Jagd auf die Tiere bzw. der Fang für lokale Märkte oder den Export ins Ausland.

Die unscheinbare Färbung vieler altweltlicher Kleinhühner lässt sie in der Gunst der großen öffentlichen Ausstellungen in Fasanerien und Zoos in der Regel deutlich gegenüber den oft auffällig farbenprächtigen Fasanen, Pfauen und anderen großen Wildhühnern zurückfallen. Anders verhält sich dies dagegen bei privaten Liebhabern, die sicherlich hierzulande die größte Artenvielfalt dieser Wildhuhnarten in ihren Volieren beherbergen – wenngleich viele bislang kaum und wenn dann nur in kleineren Stückzahlen und gewissermaßen „nebenbei" als Importe nach Europa gelangt sein dürften. Nur wenige Arten haben sich letztlich dauerhaft und über mehrere Generationen in den hiesigen Volierenanlagen etabliert. Viel gehalten werden – neben den Zwergwachteln und Steinhuhnverwandten – in letzter Zeit vor allem auch die in beiden Geschlechtern auffällig und unterschiedlich gefärbten Straußwachteln *(Rollulus roulroul)* aus Südostasien, die immer häufiger in Gruppenhaltung auch Eingang in die Tropenhallen der Zoologischen Gärten finden.

Außer der Haltung als Ziergeflügel kommt einigen Kleinhuhnarten aber auch eine nicht zu unterschätzende wirtschaftliche Bedeutung als Jagdwild oder Wirtschaftsgeflügel zu. Rebhühner *(Perdix perdix)* und Chukarhühner *(Alectoris chukar)* sowie die zu den neuweltlichen Arten zählende Virginiawachtel *(Colinus virginianus)* werden in Großfarmen der USA zur Auswilderung in geeignete Jagdreviere massenhaft vermehrt. Und auch die inzwischen domestizierte China-Zwergwachtel wird für die Eier- und Fleischproduktion in vielen Ländern der Erde in großer Zahl gezüchtet. Über Ansiedlung (und die damit häufig verbundene Faunenverfälschung) und Bejagung der ausgesetzte Tiere mag man denken, wie man will. Sie ist und bleibt ein Teil unserer „Jagdkultur", deren Durchführung und Praxis unseren Revierbesitzern und Jägern kaum abzugewöhnen sein dürfte.

Die Kalifornische Schopfwachtel gehört zu den häufig in Menschenobhut gehaltenen Arten.

Für die Haltung der altweltlichen Wachteln, Frankoline, Steinhühner usw. gelten grundsätzlich die gleichen Voraussetzungen wie bei den neuweltlichen Zahnwachteln (siehe unten). Einzelheiten über Volierenbau, Ernährung, Vergesellschaftung, Brut und Jungendaufzucht werden in dem nächsten Kapitel etwas ausführlicher beschrieben.

Neuweltliche Zahnwachteln

Auch als Neuweltwachteln werden diese kleinen Hühnervögel von 17 bis 37 cm Größe bezeichnet. Die kleinsten Arten sind die Bindenwachtel *(Philortyx fasciatus)*, die Langbein-Zahnwachtel *(Rhynchortyx cinctus)* und die Haubenwachtel *(Colinus cristatus)* mit 17 bis 19 cm Länge und einem Gewicht von etwa 120 bis 160 g. Die größte Art ist die Rotschnabel-Langschwanzwachtel *(Dendrortyx macroura)*, die mit 29 bis 37 cm und einem Gewicht bis etwa 450 g ungefähr die Größe des europäischen Rebhuhns *(Perdix perdix)* erreicht.

Neuweltwachteln sind ausschließlich in Nord-, Mittel- und Südamerika verbreitet, wobei die nördliche Verbreitungsgrenze (bei der Berghaubenwachtel *Oreotryx pictus* und der Kalifornischen Schopfwachtel *Callipepla californica*) bis knapp zur kanadischen Grenze in Washington bzw. Oregon reicht. Dagegen weist die Capueira-Zahnwachtel *(Odontophorus capueira)* die südlichste Verbreitung bis in den Nordosten Argentiniens auf. Wachteln der Gattung *Callipepla* sind rein nordamerikanische (nearktische) Arten, Vögel der Gattungen *Colinus, Dactylortyx, Cyrtonyx* und *Rhynchortyx* überwiegend mittelamerikanische und Vögel der Gattung *Odontophorus* vor allem südamerikanische (neotropische) Arten.

Als Lebensraum bevorzugen die hauptsächlich am Boden lebenden Zahnwachteln Waldgebiete in den tropischen, subtropischen und gemäßigten Zonen, Waldränder, Grassteppen und auch Getreide- und Gemüseanbaugebiete in Höhenlagen von bis etwa 3300 m.

Wie bei den altweltlichen Feldhühnern ist auch bei den neuweltlichen Zahnwachteln für viele Arten nur wenig über deren genauen Status bekannt. Summarisch betrachtet gelten die allermeisten Arten bislang als nicht bedroht (nach den Kriterien der IUCN „least concern“). Lediglich die Bart-Langschwanzwachtel *(Dendrortyx barbatus)* und die Kragen-Zahnwachtel *(Odontophorus strophium)* sind gegenwärtig als stark gefährdet („endangered/critical“) gelistet. Über die Bart-Langschwanzwachtel liegen derzeit nur wenige Informationen vor und man schätzt die Populationsgröße auf unter 1000 Tiere, die nur noch in einem kleinen Verbreitungspunkt im mexikanischen Bundesstaat Hidalgo im Südwesten

Mexikos überlebt haben. Die Kragen-Zahnwachtel, mit einer geschätzten Populationsgröße von weniger als 2500 Individuen, kommt nur noch in einem eng begrenzten Gebiet in den kolumbianischen Anden vor. Schutzmaßnahmen zum Beispiel innerhalb der Cachalú Wildlife Sanctuary in Santander im Nordosten Kolumbiens sind zwar in die Wege geleitet worden, aber die beinahe weltweit um sich greifende Entwaldung (besonders in den tropischen Zonen), die Jagd zu Nahrungszwecken und der illegale Fang der Tiere für den einheimischen Markt sind nach wie vor die Hauptursachen für den Rückgang dieser – und wahrscheinlich vieler anderer – Zahnwachtelarten (Carroll, 1994), über die insgesamt bislang allerdings viel zu wenige Informationen aus dem Freiland vorliegen.

In Menschenobhut werden mehrere Arten Zahnwachteln – allen voran die Kalifornische Schopfwachtel *(Callipepla californica)* und die Virginiawachtel *(Colinus virginianus)* – gehalten und manche auch regelmäßig gezüchtet. Die Voliere für diese Vögel sollte gut bepflanzt und mit höher gelegenen Ästen zum Aufbaumen strukturiert sein. In entsprechend dimensionierten Anlagen können manche Arten (vor allem die Zahnwachteln der Gattung *Odontophorus*, die im Freiland in Familienverbänden zusammenleben), auch in kleinen Gruppen gehalten werden.

Ernährt werden die Tiere mit einem Gemisch aus Körnerfutter, Weichfutter und der gelegentlichen Gabe von Insektenfutter. Die neotropischen und mittelamerikanischen Arten müssen bei etwa 5 bis 10 °C temperiert überwintert werden, die nordamerikanischen Arten benötigen lediglich frostfreie Innenräume, in die sie sich bei großer Kälte zurückziehen können.

Haltung und Zucht

Volieren und Schutzräume

Gegenüber großen Hühnervögeln haben Wachteln und Feldhühner in der Haltung den unbestreitbaren Vorteil, sich auch in vergleichsweise kleinen Volieren wohlzufühlen, wodurch ihre Pflege und Zucht auch Vogelliebhabern möglich wird, die nur über kleine Gärten verfügen. Die kleinste Volierengröße für ein Paar Wachteln oder Feldhühner sollte jedoch 2x2 m nicht unterschreiten und in der Höhe etwa 2 m betragen. Manche Arten wie beispielsweise die häufig gehaltenen Schopfwachteln möchten allnächtlich aufbaumen und oft werden neben Kleinhuhnarten auch noch baumbewohnende Sperlingsvögel und Kleintaubenarten gehalten. Somit müssen die Volieren nicht nur mit einer deckungsreichen Struktur am Boden, sondern auch mit Bäumen und Ästen geeigneter Stärke zum Aufbaumen der Hühnervögel und als Sitzäste für die Mitbewohner im oberen Volierenbereich ausgestattet sein. Dasselbe gilt auch für die Futterplätze, bei denen sowohl die Bodenbewohner als auch die Bewohner der höheren „Etagen“ berücksichtigt werden müssen.

Besteht aber die Möglichkeit zum Bau größerer Volierenanlagen, sollte diese Chance genutzt werden, vor allem falls man Frankoline, Waldrebhühner oder Bambushühner züchten möchte.

Volieren werden im Garten in windstiller Lage errichtet und sollten täglich stundenweise auch Sonne erhalten. Selbst reine Waldbewohner nehmen gern Sonnenbäder. Eine Voliere muss solide konstruiert sein, will man nicht durch nächtliches Eindringen von Mardern, Füchsen oder Ratten morgens eine böse Überraschung erleben.

Ein Beton- oder Ziegelsockel, der 50 bis 60 cm tief unter die Erdoberfläche reicht und noch 15 cm darüber hinausragt, ist in der Regel ausreichend, um Schadnager fernzuhalten. In den Sockel eingelassene Eisen- oder Holzpfosten werden mit einem engmaschigen Drahtnetz überspannt. Dieses kann aus gewöhnlichem Kükendraht oder – was teurer ist, aber eleganter wirkt – punktgeschweißtem Drahtgeflecht bestehen.

Letzteres hat auch eine wesentliche höhere Lebensdauer und größere Stabilität. Bezüglich der Maschenweite kommt am besten ein 16x16 mm- oder 19x19 mm-Geflecht zum Einsatz. Bei größerer Maschenweite besteht zum einen die Gefahr, dass Mäuse und halbwüchsige Ratten von außen in die Voliere eindringen, zum anderen kann es passieren, dass bei Naturbruten die frisch geschlüpften (Wachtel-)Küken durch den Draht entweichen können.

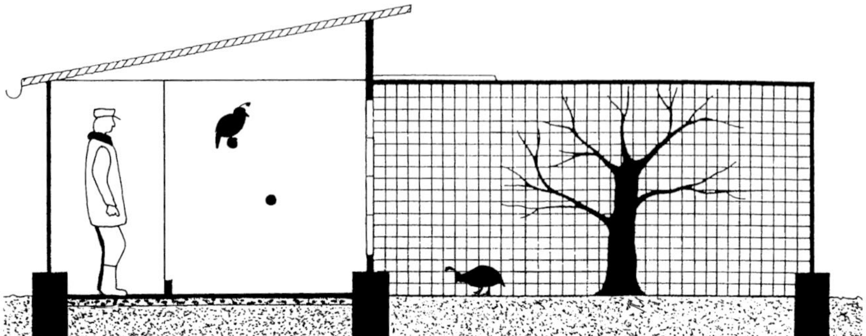

Schema einer Volierenanlage mit Schutzraum für kleine Wildhühner.

Um die Verletzungsgefahr für in Panik dagegen prallende Vögel zu verringern, kann man den Deckendraht leicht durchhängen lassen, was allerdings unschön aussieht. Eine Alternative wäre stattdessen ein stabiles engmaschiges Volierennetz, das aber wiederum für Schadnager kein Hindernis ist. Gegen Katzen, Marder und Waldkäuze, die sich nachts gern auf die Volierendecke setzen und die Vögel beunruhigen, helfen straff und parallel zueinander in geringem Abstand darüber gespannte Klavierdrähte, die man mit geringem Aufwand nachts unter Schwachstrom setzen kann.

Ein an die Voliere anschließender Schutzraum, dessen Fundament dem der Voliere gleicht, darf nicht fehlen. Er kann gemauerte oder Holzwände haben und erhält ein Pultdach. Da sich Holz, durch Außentemperatur und Luftfeuchtigkeit bedingt, leicht verzieht, muss eine doppelte Holzwand erstellt werden, deren Zwischenraum mit Glaswolle oder anderen Dämmstoffen aufgefüllt wird. Die Schutzraum-Vorderwand zur Voliere hin erhält am besten eine Glaswand nach Art der Frühbeetscheiben und einen Durchschlupf für die Vögel. Die Schutzrauminnenwände werden weiß gestrichen.

Der Raum wird bei kalten Außentemperaturen am besten mit einem Infrarotstrahler oder einem sogenannten „Frostwächter" erwärmt. Zwecks Schaffung einer trockenen Volierenzone bei Dauerregen sollte ein etwa 0,5 cm breiter Teil vor dem Schutzraum mit einer Bedeckung aus Plexiglas oder Plastikplanen versehen werden. Der Erdboden von Innenraum und Voliere wird etwa 60 cm tief ausgehoben und zuunterst mit einer Schlackeschicht, darüber einer groben Kiesschicht aufgefüllt. Dadurch erzielt man einerseits eine gute Drainage des Bodens, andererseits wird das Durchgraben von Ratten und Mardern erschwert. Die oberste Bodenschicht kann aus feinem Kies, Sand oder zur Hälfte gewöhnlicher Gartenerde bestehen. Letztere muss allerdings wegen der Anreicherung von Parasiteneiern, -larven und Kokzidienzysten oft ausgetauscht werden.

Viele Hühnervogelhalter sind inzwischen dazu übergegangen, zumindest den Schutzraumboden zu plattieren oder zu betonieren, um die regelmäßige Säuberung zu erleichtern und sich den periodischen Austausch des Erdreichs zu ersparen.

Schön sind bepflanzte Volieren. Entweder belegt man Volierenpartien mit Grasplaggen und/oder setzt Bambusgras, Büsche und kleine Bäume in Töpfen ein. Kleinhühner schätzen es sehr, sich auch einmal vor Menschenblicken verstecken zu können, und legen ihre Nester gern zwischen der Vegetation an. Steht genügend Platz zur Verfügung, lassen sich an eine Voliere noch weitere anbauen. Da sich die Hähne vieler Arten gern durchs Gitter befehden, werden die Seitenwände der Voliere mit einem etwa 50 cm hohen Sichtschutz aus Holz, gemauerten Ziegeln oder Beton versehen, sodass kein Sichtkontakt mehr besteht. Bei der Kleinhühnerhaltung sollte man vorsorglich Reserveraum für erkrankte und Nachzuchttiere bereithalten.

Die Haltung auf Drahtgitterböden

Nachdem sich die Massenaufzucht von Truthahnküken auf Drahtgittern in Großfarmen der USA bewährt hatte, weil im Kükenkot vorhandene Parasitenbrut und krank machende Keime größtenteils mit dem durch die Drahtmaschen fallenden Kot eliminiert wurden, hat sich diese Haltungsmethode schnell auch bei anderen Hühnervogelarten in vielen Ländern der Erde durchgesetzt. Seitdem Aschenbrenner (1985) die Aufzucht von Raufußhühnern (Tetraoniden) auf Draht- statt Naturböden praktizierte, stellte man fest, dass mit der Haltung auf Drahtgittern die weitaus besseren Aufzuchtergebnisse zu erzielen sind. Nach Aschenbrenners Auffassung sollte deshalb das Widerstreben gegen eine so unnatürliche Haltungsform zugunsten der Sicherheit und des Gelingens der Aufzucht zurückstehen.

Die allseitig verdrahteten Käfige stehen auf Stelzen und schließen an einen vorne verschließbaren Übernachtungs- und Schutzraum an, der bei aufbaumenden Arten mit Sitzästen ausgestattet ist und unten durch eine vergitterte Schublade abgeschlossen wird. Dort oder im Schutzraum stehen auch Futter- und Trinkgefäße sowie ein mit Sand gefülltes Gefäß zum Sandbaden. Damit kein Raubzeug die Käfiginsassen von unten her belästigen und in Panik versetzen kann, werden die Käfigbeine mit Brettern verschalt, wobei eine längliche Klappe zum Entfernen von herabgefallenem Kot und Futterresten vorhanden sein muss.

Kleinküken können ab dem 3. Lebenstag auf Drahtböden gesetzt werden. Die Maschenweite des Drahtbodens richtet sich nach der Größe der Tiere. Man beginnt mit Rosten von 1 cm Maschenweite und wechselt sie gegen eine größere (2 cm) aus, wenn der Kot nicht mehr hindurchfallen kann. Während nach Mitteilung von Aschenbrenner bei natürlicher Kükenaufzucht früher selten über 50 % der Tiere groß wurden, waren es auf Gitterrosten stets über 90 %. Dass es sich dabei um Tetraonidenküken handelte, spielt hier keine Rolle, denn bei Wachtel- und Feldhuhnjungen sind die Resultate ähnlich.

Auch heute noch werden Wachteln und Verwandte teilweise auf Gitterrosten gehalten – seltener im Liebhaberbereich, aber fast durchweg in kommerziellen Zuchtanlagen. Von einer Haltung nach tiergartenbiologischen Maßstäben kann bei dieser Form sicherlich nicht die Rede sein. Vor allem bei der Haltung nur weniger Paare in schön bepflanzten und gut gepflegten Volieren wird sich der Liebhaber aber wahrscheinlich eher für die „natürliche" Haltung auf Sand-, Erd- oder Mulchboden entscheiden, zumal auch die tiermedizinische Prophylaxe heute so weit fortgeschritten ist, dass parasitären Erkrankungen immer besser vorgebeugt werden kann. Wo allerdings die Notwendigkeit besonders hoher Nachzuchtquoten besteht (also in der Regel bei kommerziellen Haltungen, aber auch bei Erhaltungszuchtprojekten) wird man unter Umständen zunächst auf die Drahtbodenhaltung zurückgreifen und die Jungvögel später an „natürliche" Verhältnisse gewöhnen.

Brut und Aufzucht

Mehrere Arten von Wachteln, Zahnwachteln und Feldhühnern werden wegen ihrer jagdlichen oder konsumwirtschaftlichen Bedeutung in Farmbetrieben in großem Stil vermehrt, viele Arten von Liebhabern in geringer Zahl gezüchtet. Zur Erbrütung von Gelegen stehen uns grundsätzlich drei Methoden zur Verfügung:

- Erbrütung und Aufzucht durch die arteigene Mutter **(Naturbrut)**
- Erbrütung und Kükenaufzucht durch Haushuhnammen **(Ammenbrut)**
- Erbrütung von Gelegen im Motorbrüter **(Kunstbrut)**

Die **Naturbrut** wird heute nur noch gelegentlich von Liebhaberzüchtern praktiziert, weil viele Wildhennen zu unzuverlässige Brüterinnen und oft nervöse Mütter sind. Die Fortnahme ihres Geleges veranlasst die Wildhenne zu Nachgelegen, wodurch wesentlich höhere Zuchtergebnisse zu erzielen sind. Häufiger wird bei der Vermehrung kleiner Wildhuhnarten noch die Ammenbrut, das heißt die Gelegeerbrütung und Kükenaufzucht durch Haushuhnglucken der Zwerghuhnrassen (zum Beispiel Bantam), durchgeführt. Dafür müssen aber stets mehrere in Brutstimmung befindliche, also gluckende Haushennen verfügbar sein.

Eine Schopfwachtel mit ihren Küken.

Am problemlosesten für den Züchter ist deshalb die **Kunstbrut** im Elektrobrüter. Sie wird in der industriellen Geflügelzucht ausschließlich praktiziert. Die Konstruktion und Arbeitsweise von Elektrobrütern sei hier in groben Zügen erläutert. Grundsätzlich unterscheidet man zwischen Flach- und Schrankbrütern. In den Ersteren liegen die Eier auf einer Horde, in Letzteren auf mehreren übereinander liegenden Schubladen.

Die wichtigsten Brutfaktoren sind Bruttemperatur, Luftfeuchtigkeit, Luftumwälzung sowie das regelmäßige Wenden der Bruteier. Spricht man von Schlupfbrütern, so gehören diese einem der beiden Brütersysteme an und unterscheiden sich nur in ihrer Funktion. Aus praktischen und hygienischen Gründen werden kurz vor dem Kükenschlupf stehende Eier dorthin verbracht und die Küken bleiben bis zum Abtrocknen des Gefieders dort.

Größten Einfluss auf die Embryonen im Ei hat die richtige **Bruttemperatur**. Ist sie zu niedrig, verzögert sich die Brutdauer, ist sie zu hoch, entwickeln sich die Embryonen zu schnell, schlüpfen klein und unvollkommen befiedert oder sterben schon vorher im Ei ab. Für die Temperaturregelung im Brüter sorgt ein Kontrollthermometer.

Die relative **Luftfeuchtigkeit** im Brüter wird psychometrisch über ein Feucht- und Trockenthermometer gemessen. Bei zu trockenen Brutbedingungen bleiben Küken im Ei stecken und sterben ab, ist die Feuchtigkeit aber zu hoch, resultieren daraus große weiche oder verklebte Küken.

Die **Luftbewegung** im Brüter kann schnell und langsam erfolgen. Sie wird durch Ventilatoren oder Schlagleisten gewährleistet. Das Wenden der Eier ist zur normalen Entwicklung des Embryos lebensnotwendig und wird von der Vogelmutter während der Brut mehrmals täglich durchgeführt. Dabei werden die Eier um ein Viertel, die Hälfte oder vollständig um ihre Längsachse gedreht. Geschähe das nicht, würden die Embryonen durch Verklebungen mit Dotter und Eihäuten absterben.

In Brutschränken werden mit Elektromotoren, durch Schaltuhren gesteuert, die Eihorden automatisch alle ein bis zwei Stunden um 90 Grad von der einen zur anderen Schräglage gewendet. Im Flächenbrüter befindliche Eier werden vom Betreuer selbst mindestens dreimal täglich um ihre Längsachse um 180 Grad gewendet.

Ab dem 4. Tag vor Schlupfbeginn braucht nicht mehr gewendet zu werden. Die Eier werden zu diesem Zeitpunkt in den Schlupfbrüter verbracht. Überaus wichtig ist die richtige Eilage vor dem Kükenschlupf. Der stumpfe Eipol mit der Luftblase muss etwas erhöht und in einem Winkel von unter 45 Grad auf der Horde liegen. So können die Küken am besten die Haut der Luftblase durchstoßen und Sauerstoff atmen.

In den letzten Jahren hat auch die Technik der Brüter große Fortschritte erzielt und nimmt dem Züchter die meiste Arbeit ab. So enthalten die von der Firma Grumbach Brutgeräte GmbH in Wetzlar in mehreren Typen mit unterschiedlicher Eiaufnahme-Kapazität hergestellten Elektronik-Sicherheitsbrüter eine durch Timer programmierte Motorwende, automatische Befeuchtung zwecks Schaffung der zuträglichen relativen Luftfeuchtigkeit sowie einen Auskühl-Timer, der den Ventilator bei gestoppter Heizung weiterblasen lässt, wonach die eingestellte Temperatur wieder erreicht wird, ferner ein Digital-Thermometer und ein Digital-Hygrometer mit LED-Anzeige, Schaufenster zur Kontrolle von Brut- und Schlupfergebnissen und Stammschlupfhorden mit Plexiglas-Unterteilungen.

Bei **Naturbruten** sollte durch das Vorsetzen von Holzplatten oder Glasscheiben entlang der Innenflächen der unteren Volierendrahtbespannung ein Durchschlüpfen der oft winzigen Küken rechtzeitig verhindert werden.

Bei **Ammenbruten** belässt man die Küken bis zum Abtrocknen ihres Daunenkleides im Brutnest unter der Glucke und setzt danach die ganze Familie in einen Aufzuchtkasten mit angrenzendem Drahtauslauf. Beides kann auf kurz geschorenem Rasen stehen und sollte alle paar Tage um einige Meter versetzt werden, damit sich die Küken nicht infizieren. In Schlupfbrütern geborene Küken bleiben ebenfalls bis zur vollständigen Gefiedertrocknung dort und werden danach in hölzerne, oben offene Aufzuchtkisten mit darüberhängender Infrarotlampe umgesetzt. Bezüglich der Kükenfütterung wird auf das Kapitel Fütterung verwiesen.

Nach zwei- bis dreitägigem Aufenthalt im Schlupfbrüter werden die Küken in eine **Aufzuchtbatterie** (engl.: Brooder) gesetzt. Diese Geräte kann man mit Inneneinrichtung bei einschlägigen Firmen kaufen. Man kann sie sich aber auch selbst bauen. Es sind je nach Bedarf mehr oder weniger große Kästen, meist aus Holz, die oben gegen ein Entweichen der Küken mit einem Drahtgitterdeckel gesichert werden. Die Tiere stehen am zweckmäßigsten auf einem Drahtgeflechtrost von 3 mm Maschenweite, durch den der Kot fällt; es wird mit zunehmendem Wachstum der Küken durch ein 5 mm breites Geflecht ersetzt. Die Kothäufchen landen auf einer unter dem Gitterrost befindlichen, mit Zeitungspapier ausgelegten Zinkschublade. Die Kükenaufzucht auf Drahtrostböden bedeutet für sie keine Quälerei, verhindert aber weitgehend einen Kontakt mit parasiten- und/oder bakterienverseuchtem Kot und damit die so häufigen und gefürchteten Kükenverluste.

Der zuerst hohe Wärmebedarf der Kleinen wird durch eine Rotlichtbirne (Hell- oder Dunkelstrahler) mit 150 Watt Leistung gewährleistet. Den Strahler kann man an einem Kabel über der Mitte des Aufzuchtkastens aufhängen. Bei Kleinküken soll unter dem Strahler eine Temperatur von etwa 35 °C herrschen, was vorher mit einem Thermometer überprüft werden kann. Der Kasten muss groß genug sein, damit sich die Küken bei zu hoher Wärme in einen kühleren Teil zurückziehen können. Innerhalb von 14 Tagen wird die Strahlertemperatur allmählich auf 29 °C zurückgenommen. An kühleren Kastenplätzen stehen auch flache Futter- und Wasserschalen.

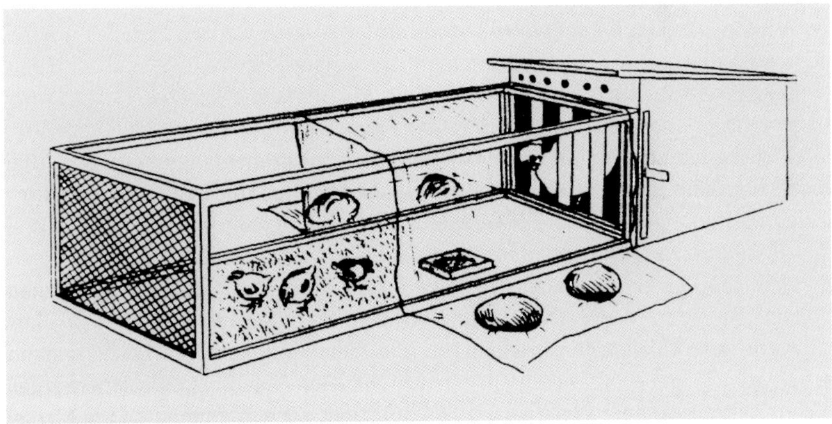

Ein versetzbarer Kükenauslauf mit Aufzuchtkasten.

Haben die Jungen ihre Flugfähigkeit erreicht, können sie in Großkäfige oder Volieren, unter Umständen verbunden mit Außenvolieren, verbracht werden. Kältetolerante Arten, wie Rebhühner, Bobwhites, Chukarhühner, Königshühner usw., können bei gutem Frühlingswetter ganztägig draußen bleiben. Es ist auch immer darauf zu achten, dass die Aufzuchtbatterien in einem zugfreien Raum stehen.

Verträglichkeit

In ihrem natürlichen Lebensraum besetzen Wachteln und Feldhühner während der Fortpflanzungszeit mehr oder weniger große Brutreviere mit oder ohne feste Grenzen und verteidigen sie gegen eindringende Artgenossen. Das ist notwendig, um dem Brutpaar und dessen Nachkommen genügend Nahrung zu gewährleisten. In einer Voliere wird man deshalb zur Brutzeit in der Regel nur ein Paar halten.

Ausnahmen sind zum Beispiel einige im Freiland in Gruppen lebende Arten der neuweltlichen Zahnwachteln und die asiatischen Straußwachteln, die bei entsprechendem Platzangebot auch in Kleingruppen gehalten werden können.

Bei schon seit mehreren Generationen besonders in Farmbetrieben gezüchteten Arten ist aber auch oft das Zusammenhalten eines Hahnes mit mehreren Hennen möglich und als Zeichen beginnender Domestikation zu werten. Doch kann der Pfleger bei dieser Haltungsart manchmal böse Erfahrungen machen, wenn ein nach dem Verhalten seiner wild lebenden Artgenossen agierender Revierhahn eines von mehreren Weibchen zur Gefährtin erwählt und die anderen tötet. Es kommt aber auch nicht selten vor, dass zwei Hennen um die Gunst des Hahnes streiten und die unterlegene getötet wird. In vielen solchen Fällen bemerkt der aufmerksame Pfleger den sich anbahnenden „Krieg“ und trennt die Vögel rechtzeitig. Manchmal läuft aber ein solches Drama innerhalb weniger Stunden ab und man kann nur noch die übel zugerichtete Leiche beseitigen.

Bei Altweltwachteln kommt es häufiger vor, dass die größere Henne ihren Hahn verfolgt und tötet. Solchen „Morden“ gehen gewöhnlich stundenlange Verfolgungsjagden voraus, sodass man meist noch rettend eingreifen kann. Die Ursache solcher Jagden ist damit erklärbar, dass die Geschlechter in ihrem natürlichen Habitat eigene Reviere besetzen und die Hähne nach vollzogener Paarung das Hennenrevier verlassen und sich in ihr eigenes zurückziehen. Zur Vermeidung solcher Risiken empfiehlt sich eine dichte Gras- und Krautbepflanzung der Voliere, die einem Verfolgten Deckung vor dem Verfolger bietet.

Nach dem Kükenschlupf ziehen fast alle Kleinhuhnpaare ihre Nachkommenschaft gemeinsam groß und vereinigen sich in vielen Fällen mit benachbarten Familien zu sogenannten Wintergesellschaften. Dem noch unerfahrenen Pfleger sei gesagt, dass das harmonische Zusammenleben einer solchen Familiengruppe nur

Mit Beginn der Paarungszeit sind Hähne häufig recht kampflustig – hier eine männliche Helmwachtel.

bis zum Beginn der nächsten Fortpflanzungsperiode anhält. Im Frühjahr kommt es zunächst zu kleinen Plänkeleien, die sich laufend zu verstärken pflegen, um schließlich in wütende Kämpfe der verpaarten Hähne überzugehen. Mit Beginn der Kämpfe im Frühjahr sind deshalb die Zuchtpaare bald zu isolieren, ebenso auch die inzwischen erwachsenen Nachkommen des Vorjahres. Das bedeutet, dass zur Aufnahme der Nachzucht stets mehrere Unterbringungsmöglichkeiten bereitstehen sollten. Das brauchen nur größere Drahtkäfige zu sein, denn Nachzuchtvögel werden ja in den meisten Fällen verkauft.

Die Fütterung

Fast alle Wachteln und Feldhühner sind Allesesser und in Bezug auf das Futter nicht besonders wählerisch. Es gibt jedoch einige Arten, die sich vermehrt auf tierisches Eiweiß, und andere, die sich überwiegend auf Grünfutter (Gräser, Kräuter) spezialisiert haben. In jedem Fall aber soll die Ernährung der Vögel in Menschenobhut nicht zu einseitig, sondern abwechslungsreich sein. Einseitige Fütterung, etwa ausschließlich mit Körnern, führt zu Fettsucht und Zuchtuntauglichkeit.

Altweltwachteln erhalten Kleinsämereien, wie verschiedene Hirsearten, Kanariensamen, Mohn, Rübsen, Buchweizen, dazu gesondert aber ein Weichfutter aus Ei-Biskuit, Fleischmehl, Quark, gekochtem Eidotter, das Ganze mit geriebener Möhre flockig angesetzt. Grünzeug in Form von Vogelmiere, Schafgarbe, Hirtentäschelkraut, Feld- und Kopfsalat sowie kurz gehacktes zartes Gras werden wenigstens einmal wöchentlich zusätzlich gereicht.

Die Feldhuhnarten (Reb-, Chukar-, Rothuhn usw.) können gröbere Sämereien erhalten. Im Übrigen unterscheiden sich Futtergemische mit geringeren Abweichungen von Land zu Land und jeder Züchter schwört auf sein eigenes Rezept.

Hier ein Beispiel für die Bestandteile eines von dem bekannten kanadischen Züchter Warwick in Blenheim, Ontario, zusammengestellten Futtergemischs, das er mit guten Ergebnissen an seine Großwachteln und Feldhühner verfüttert. Es besteht aus:

- 6 Teilen Weizen
- 6 Teilen Milokorn
- 3 Teilen Hafergrütze
- 2 Teilen Buchweizen
- 8 Teilen Hirse
- 1/10 Teil Kükengrit
- 1/40 Teil Grobsalz
- 25 Teilen Küken-Pellets in Krumenform (Chicken crumbs)
- 1/4 Teil Rapssamen.

An Kleinwachteln (Zwerg- und Harlekinwachteln) verfüttert er eine Mischung aus:

- 4 Teilen Kanarienfutter
- 4 Teilen pelletiertem Erstfutter für Hühnerküken (Starter crumbs)
- 2 Teilen Legemehl
- 1/10 Teil feinen Grit
- 1/10 Teil gemahlene Austernschalen
- 1/10 Teil Mineral-Grit
- 1/40 Teil Grobsalz.

Zusätzlich erhalten alle Vögel wenige Tropfen Lebertran und etwas Vitaminpulver auf das Futtergemisch.

Nach Robbins (1981) verfüttert man an Altwelt- und Zahnwachteln in England während der Wintermonate ein Gemisch aus 2 Teilen Küken-Pellets (Chicken crumbs) und 1 Teil Hirse, um den Brutbestand über die kalte Jahreszeit zu bringen, und verabreicht vom Januar bis zur Beendigung der Brutsaison zusätzlich Kalkgrit und Vitaminpulver. Das Futter wird bis zur Sättigung verabreicht. Einmal pro Woche erhalten die Vögel Grünpflanzen.

Die häufig gehaltene Straußwachtel (Roulroul) benötigt ein eiweißreicheres Futter als andere Kleinhühner. Sie erhält ein Gemisch aus 2 Teilen Körnermischung aus Hirse, Milo, Kanariensamen, Bruchmais, Weizen und Hanf, 1 Teil Brüterpellets für Hühner, 1/2 Teil Insektenfressermischung, dazu einen Eierbecher voll Sonnenblumenöl, ferner zerkleinertes Obst und Früchte. Das Ganze wird gut vermischt und mit etwas Vitaminpulver bestreut. Da dieses Futtergemisch nur begrenzt haltbar ist, muss es täglich neu hergestellt werden.

Grit

Unter dieser Bezeichnung sind Steinchen aus Silikaten, Quarziten und Kalziten zu verstehen, die von den Vögeln aufgenommen werden, um die Mahltätigkeit des Muskelmagens zu verstärken. Dadurch können harte Futterkörner zu Mehl zerrieben werden. Silikat- und Quarzsteinchen werden nach einiger Zeit mit dem Kot wieder ausgeschieden, Kalzite dagegen von der Magensalzsäure aufgelöst und zum Skelettaufbau sowie zur Eischalenbildung benötigt.

Fehlt Grit über eine längere Zeitspanne, führt dies beim Vogel zu Verdauungsstörungen mit dem Ausscheiden ganzer Körner und schließlich durch Futterverweigerung zum Tode. In pelletierten Futtermitteln pflegt Kalzit in genügender Menge vorhanden zu sein. Doch vergewissern Sie sich dessen an der Inhaltsangabe der Tüte. Ein Napf mit Silikat und Quarzit, aus dem sich die Vögel instinktiv die für ihre Körpergröße geeigneten Körner auswählen, soll stets zur Verfügung stehen.

Wasser

Sauberes Wasser in einem leicht zu reinigenden Napf muss den Vögeln stets zur Verfügung stehen. Damit das Erdreich in der Umgebung des Trinkgefäßes nicht dauernd durchfeuchtet ist und dadurch mit dem Kot der Tiere ausgeschiedenen Parasiten ein für deren Entwicklung günstiges Milieu garantiert, wird das Wassergefäß auf eine Drainage aus groben Steinen gestellt. Das Wasser ist täglich zu erneuern.

Beim Vorhandensein von Kleinküken muss der Wasserstand im Napf sehr flach sein. Man kann ihn mit groben Steinen füllen, zwischen denen Wasser für die Kleinen erreichbar ist, und sie so vor dem Ertrinken bewahren.

Kükenfütterung

Frisch geschlüpfte Küken müssen nicht sofort Nahrung aufnehmen, denn ihr noch nicht vollständig resorbierter Dottersack stellt ihnen Nährstoffe für etwa 48 Stunden zur Verfügung. Trotzdem darf schon nach Abtrocknung des Daunenkleides Futter in Form von Puten-Erstlingspellets in fein gemahlener Form vorgelegt werden. Diese Erstlingspellets sollen 28 % Protein enthalten, weil der Bedarf an tierischem Eiweiß während der ersten Lebenstage sehr hoch ist und erst mit steigendem Alter allmählich abnimmt.

Zur Anregung der Futteraufnahme kann man kleine weiße Mehlwürmer über das Pelletmehl streuen, dieses auch leicht anfeuchten, und die Küken werden bald die sich windenden Würmer aufpicken. Eine weitere Methode der Kükenerstfütterung besteht in der Darreichung von Küken-Eifertigfutter, das mit etwas Wasser in krümelig-flockige (nicht in breiige!) Form gebracht und mit darübergestreuter Mohnsaat schmackhafter gemacht wird.

Sind die Flügel der Küken gewachsen, kann auf Erstlingspellets verzichtet und auf Küken-Krümelpellets mit nur noch 20 % Proteingehalt übergegangen werden. Im Alter von vier Wochen wird zusätzlich ein Hirsegemisch ad libitum, das heißt, so viel sie davon fressen können, verabreicht. Man denke daran, dass Pelletfutter zu erhöhter Wasseraufnahme führt, weshalb Trinkwasser nie fehlen darf.

Schemazeichnung einer Helmwachtel

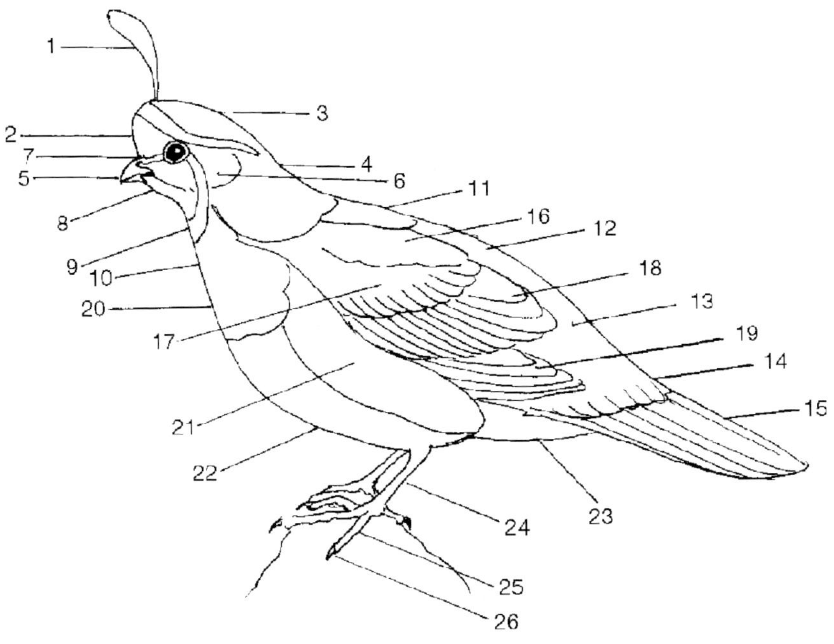

1. Haube, Schopf
2. Stirn
3. Scheitel
4. Nacken
5. Schnabel
6. Ohrdecken, Wangen
7. Zügel
8. Kinn
9. Kehle
10. Hals
11. Mantel
12. Rücken
13. Bürzel
14. Oberschwanzdecken
15. Schwanz (Steuerfedern)
16. Schultergefieder
17. Flügeldecken
18. Armschwingen
19. Handschwingen
20. Brust
21. Flanken
22. Bauch
23. Unterschwanzdecken
24. Lauf
25. Zehenglieder
26. Krallen

Rechtliche Voraussetzungen für die Haltung von Wildhühnern

Grundsätzlich ist die Haltung der allermeisten kleinen Wildhuhnarten in Deutschland derzeit noch ohne Genehmigung möglich.

Gesetzliche Regelungen gelten nach der aktuellen Fassung der EG-Verordnung 338/97 für folgende Arten:

Himalaja-Bergwachtel *(Ophrysia superciliosa)*, Kaspi-Königshuhn *(Tetraogallus caspius)* und Tibet-Königshuhn *(Tetraogallus tibetanus)* sind im Anhang A aufgeführt und unterliegen als streng geschützte Arten einer Melde-, Kennzeichnungs- und Buchführungspflicht. Für sie gilt außerdem grundsätzlich ein Vermarktungsverbot, sodass zum Verkauf und Erwerb eine EG-Bescheinigung erforderlich ist.

Von diesen Verboten ausgenommen und in Anlage 5 der Bundesartenschutzverordnung aufgeführt sind inzwischen die Ridgways Virginawachtel *(Colinus virginianus ridgwayi)* und die Europäische Wachtel *(Coturnix coturnix)*.

In Anlage 1 der Bundesartenschutzverordnung werden Alpensteinhuhn *(Alectoris graeca)* und Rothuhn *(Alectoris rufa)* geführt. Sie sind als streng geschützte Arten melde-, nachweis- und kennzeichnungspflichtig. Auch sie unterliegen grundsätzlich einem Vermarktungsverbot, das jedoch nicht für rechtmäßig gezüchtete EU-Nachzuchten gilt.

Die weiteren europäischen Arten Felsenhuhn *(Alectoris barbara)*, Chukarhuhn *(Alectoris chukar)* und Rebhuhn *(Perdix perdix)* gelten ebenfalls als besonders geschützte Arten. Die beiden Erstgenannten unterliegen wiederum einer Melde-, Nachweis- und Kennzeichnungspflicht, Rebhühner unterliegen dagegen den jagdrechtlichen Bestimmungen der Bundeswildschutzverordnung und werden als Nachzuchten üblicherweise nicht behördlich gemeldet. Als geeignete Kennzeichnungsform gilt in erster Linie die geschlossene Beringung.

Weiterhin gelten von Bundesland zu Bundesland zum Teil unterschiedliche Regelungen im Hinblick auf die Baugenehmigung von Volieren und Schutzhäusern sowie die Genehmigung von Tiergehegen im Allgemeinen. Dies betrifft in besonderem Maße kommerzielle Zuchtbetriebe. Hier müssen die Einzelheiten mit den dafür zuständigen Bau-, Umwelt- oder Unteren Landschaftsbehörden abgeklärt werden, bevor mit dem Bau und Betrieb einer solchen Anlage begonnen wird. Probleme bereiten nicht allzu selten auch die Lautäußerungen der Tiere, die unter Umständen den nachbarschaftlichen Frieden gefährden können und schon zahlreiche Gerichtsurteile heraufbeschworen haben. Auch hier wären nachbarschaftliche Absprachen – auch wenn sie letztlich nicht rechtsverbindlich sind – vor Beginn der Haltung dringend zu empfehlen.

Systematische Übersicht

Die in diesem Buch behandelten, überwiegend wachtel- bis rebhuhngroßen Wildhühner gehören innerhalb der Ordnung der Hühnervögel (Galliformes) zwei verschiedenen Familie an: der Familie der altweltlichen Fasanenartigen Hühnervögeln (Phasianidae) – dort wiederum der Unterfamilie der Feldhühner (Perdicinae) – sowie der Familie der neuweltlichen Zahnwachteln (Odontophoridae).

Zu Anfragen von Lesern wegen des Fehlens der äußerlich recht wachtelähnlichen Laufhühnchen sei mitgeteilt, dass diese einer eigenen Ordnung, und zwar den Turniciformes, angehören und mit den Hühnervögeln auch nicht entfernt verwandt sind. Ebenso verhält es sich mit den südamerikanischen Steißhühnern (Ordnung Tinamiformes) und den Flughühnern (Ordnung Pterocliformes).

Zur Klärung der Verwandtschaftsverhältnisse der Hühnervögel untereinander ist während der letzten Jahrzehnte wertvolle Forschungsarbeit geleistet worden. Dies geschah unter Zuhilfenahme vergleichender phänetischer, genetischer und serologischer Untersuchungsmethoden. Die Resultate waren zum Teil überraschend.

Mittels künstlicher Besamung kreuzte man zum Beispiel Wachtelhähne erfolgreich mit Haus- und Jagdfasanenhennen, was auf eine nähere Verwandtschaft der äußerlich so verschieden aussehenden Arten schließen lässt. Hühnervögel vom Erscheinungsbild altweltlicher Wachteln dürften die Urahnen der Fasanenartigen Hühnervögel gewesen sein. Bei der systematischen Einteilung der Perdicinae beginnen wir deshalb mit den Wachtelarten.

Feldhühner

Die Feldhühner stellen innerhalb der Familie Phasianidae (Fasanenartige Hühnervögel) die Unterfamilie Perdicinae dar.

Gattung: Wachteln *(Coturnix)*
Europäische Wachtel *(C. coturnix)*
Ostasiatische oder Japanwachtel *(C. japonica)*
Regenwachtel *(C. coromandelica)*
Schwarzbrustwachtel *(C. novaezelandiae)*
Harlekinwachtel *(C. delegorguei)*

Gattung: Zwergwachteln *(Excalfactoria)*
Zwergwachtel *(E. chinensis)*

Gattung: Sumpfwachteln *(Synoicus)*
Sumpfwachtel *(S. ypsilophorus)*

Gattung: Schneegebirgswachteln *(Anurophasis)*
Schneegebirgswachtel *(A. monorthonyx)*

Gattung: Frankolinwachteln *(Perdicula)*
Frankolinwachtel *(P. asiatica)*
Madraswachtel *(P. argoondah)*

Gattung: Buntwachteln *(Cryptoplectron)*
Buntwachtel *(C. erythrorhynchum)*
Manipur-Wachtel *(C. manipurensis)*

Gattung: Himalaja-Bergwachteln *(Ophrysia)*
Himalaja-Bergwachtel *(O. superciliosa)*

Gattung: Rotschwanzfrankoline (*Peliperdix*, syn.: *Francolinus*)
Coqui-Frankolin *(P. coqui)*
Schlegels Frankolin *(P. schlegelii)*
Weißkehlfrankolin *(P. albogularis)*
Gelbfuß-Waldfrankolin *(P. lathami)*

Gattung: Graufrankoline (*Ortygornis*, syn.: *Francolinus*)
Graufrankolin *(O. pondicerianus)*

Gattung: Haubenfrankoline (*Dendroperdix*, syn.: *Francolinus*)
Haubenfrankolin *(D. sephaena)*

Gattung: Rotflügelfrankoline (*Scleroptila*, syn.: *Francolinus*)
Kragenfrankolin *(S. streptophora)*
Bergheidefrankolin *(S. psilolaema)*
Shelleys Frankolin *(S. shelleyi)*
Grauflügelfrankolin *(S. africana)*
Rebhuhnfrankolin *(S. levaillantoides)*
Rotflügelfrankolin *(S. levaillantii)*
Finschs Frankolin *(S. finschi)*

Gattung: Wellenfrankoline (*Chaetopus*, syn.: *Francolinus*)
Doppelspornfrankolin *(C. bicalcaratus)*

Heuglins Frankolin *(C. icterorhynchus)*
Clappertons Frankolin *(C. clappertoni)*
Hildebrandts Frankolin *(C. hildebrandti)*
Natal-Frankolin *(C. natalensis)*
Kap-Frankolin *(C. capensis)*
Rotschnabelfrankolin *(C. adspersus)*
Harwoods Frankolin *(C. harwoodi)*

Gattung: Bergfrankoline (*Oreocolinus*, syn.: *Francolinus*)
Kastanienhalsfrankolin *(O. castaneicollis)*
Wacholderfrankolin *(O. ochropectus)*
Erckels Frankolin *(O. erckelii)*
Jacksons Frankolin *(O. jacksoni)*
Kivu-Frankolin *(O. nobilis)*
Kamerunberg-Frankolin *(O. camerunensis)*
Swierstras Frankolin *(O. swierstrai)*

Gattung: Nacktkehlfrankoline (*Pternistis*, syn.: *Francolinus*)
Gelbkehlfrankolin *(P. leucoscepus)*
Graubrustfrankolin *(P. rufopictus)*
Rotkehlfrankolin *(P. afer)*
Swainsons Frankolin *(P. swainsonii)*

Gattung: Schuppenfrankoline (*Squamatocolinus*, syn.: *Francolinus*)
Schuppenfrankolin *(S. squamatus)*
Aschanti-Frankolin *(S. ahantensis)*
Graustreifenfrankolin *(S. griseostriatus)*

Gattung: Tropfenfrankoline *(Francolinus)*
Halsbandfrankolin *(F. francolinus)*
Tropfenfrankolin *(F. pictus)*
Perlhuhnfrankolin *(F. pintadeanus)*

Gattung: Madagaskar-Frankoline *(Margaroperdix)*
Madagaskar-Frankolin *(M. madagarensis)*

Gattung: Hartlaub-Frankoline *(Chapinortyx)*
Hartlaub-Frankolin *(C. hartlaubi)*

Gattung: Sumpffrankoline *(Limnocolinus)*
Sumpffrankolin *(L. gularis)*

Gattung: Rotfuß-Waldfrankoline *(Acentrortyx)*
Rotfuß-Waldfrankolin *(A. nahani)*

Gattung: Bambushühner *(Bambusicola)*
Chinesisches Bambushuhn *(B. thoracica)*
Indisches Bambushuhn *(B. fytchii)*

Gattung: Langschnabel-Waldrebhühner *(Rhizothera)*
Langschnabel-Waldrebhuhn *(R. longirostris)*

Gattung: Augenwachteln *(Caloperdix)*
Augenwachtel *(C. oculea)*

Gattung: Rotkopfwachteln *(Haematortyx)*
Rotkopfwachtel *(H. sanguiniceps)*

Gattung: Waldrebhühner *(Arborophila)*
Hügelhuhn *(A. torqueola)*
Szetschuan-Waldrebhuhn *(A. rufipectus)*
Rotbrust-Waldrebhuhn *(A. mandellii)*
Fukien-Waldrebhuhn *(A. gingica)*
Rotkehl-Waldrebhuhn *(A. rufogularis)*
Weißwangen-Waldrebhuhn *(A. atrogularis)*
Taiwan-Waldrebhuhn *(A. crudigularis)*
Hainan-Waldrebhuhn *(A. ardens)*
Java-Waldrebhuhn *(A. javanica)*
Nacktkehl-Waldrebhuhn *(A. orientalis)*
Braunbrust-Waldrebhuhn *(A. brunneopectus)*
Davids Waldrebhuhn *(A. davidi)*
Kambodscha-Waldrebhuhn *(A. cambodiana)*
Borneo-Waldrebhuhn *(A. hyperythra)*
Rotschnabel-Waldrebhuhn *(A. rubrirostris)*

Gattung: Schuppenbrust-Waldrebhühner *(Tropicoperdix)*
Schuppenbrust-Waldrebhuhn *(T. charltoni)*

Gattung: Afrika-Waldrebhühner *(Xenoperdix)*
Udschungwe-Waldrebuhn *(X. udzungwensis)*

Gattung: Schwarzwachteln *(Melanoperdix)*
Schwarzwachtel *(M. nigra)*

Gattung: Straußwachteln *(Rollulus)*
Straußwachtel *(R. roulroul)*

Gattung: Rebhühner *(Perdix)*
Rebhuhn *(P. perdix)*
Bartrebhuhn *(P. dauurica)*
Tibet-Rebhuhn *(P. hodgsoniae)*

Gattung: Spornhühner *(Galloperdix)*
Rotes Spornhuhn *(G. spadicea)*
Perlspornhuhn *(G. lunulata)*
Ceylon-Spornhuhn *(G. bicalcarata)*

Gattung: Felsenhühnchen *(Ptilopachus)*
Felsenhühnchen *(P. petrosus)*

Gattung: Steinhühner *(Alectoris)*
Chukarhuhn *(A. chukar)*
Alpensteinhuhn *(A. graeca)*
Przewalskis Steinhuhn *(A. magna)*
Rothuhn *(A. rufa)*
Schwarzkopf-Steinhuhn *(A. melanocephala)*
Philbys Steinhuhn *(A. philbyi)*
Felsenhuhn *(A. babara)*

Gattung: Sandhühner *(Ammoperdix)*
Arabisches Sandhuhn *(A. heyi)*
Persisches Sandhuhn *(A. griseogularis)*

Gattung: Haldenhühner (Lerwahühner) *(Lerwa)*
Haldenhuhn (Lerwahuhn) *(L. lerwa)*

Gattung: Keilschwanzhühner *(Tetraophasis)*
Braunkehl-Keilschwanzhuhn *(T. obscurus)*
Rostkehl-Keilschwanzhuhn *(T. szechenyii)*

Gattung: Königshühner *(Tetraogallus)*
Kaukasus-Königshuhn *(T. caucasicus)*
Kaspi-Königshuhn *(T. caspius)*
Himalaja-Königshuhn *(T. himalayensis)*
Tibet-Königshuhn *(T. tibetanus)*
Altai-Königshuhn *(T. altaicus)*

Zahnwachteln

Diese Gruppe wurde früher als Unterfamilie Odontophorinae der Familie Phasianidae (Fasanenartige Hühnervögel) zugeordnet. Heute wird sie als eigene Familie Odontophoridae angesehen.

Gattung: Langschwanz- oder Schweifwachteln *(Dendrortyx)*
Rotschnabel-Langschwanzwachtel *(D. macroura)*
Bart-Langschwanzwachtel *(D. barbata)*
Schwarzschnabel-Langschwanzwachtel *(D. leucophrys)*

Gattung: Bindenwachteln *(Philortyx)*
Bindenwachtel *(P. fasciatus)*

Gattung: Berghaubenwachteln *(Oreortyx)*
Berghaubenwachtel *(O. pictus)*

Gattung: Schopfwachteln *(Callipepla)*
Schuppenwachtel *(C. squamata)*
Douglaswachtel *(C. douglasii)*
Kalifornische Schopfwachtel *(C. californica)*
Helm- oder Gambel-Wachtel *(C. gambelii)*

Gattung: Wald-Zahnwachteln *(Odontophorus)*
Guayana-Zahnwachtel *(O. gujanensis)*
Capueira-Zahnwachtel *(O. capueira)*
Rotstirn-Zahnwachtel *(O. erythrops)*
Schwarzohr-Zahnwachtel *(O. melanotis)*

Schwarzrücken-Zahnwachtel *(O. melanonotus)*
Kastanienbraune Zahnwachtel *(O. hyperythrus)*
Rotbrust-Zahnwachtel *(O. speciosus)*
Weißkehl-Zahnwachtel *(O. leucolaemus)*
Kragen-Zahnwachtel *(O. strophium)*
Tacarcuna-Zahnwachtel *(O. dialeucos)*
Venezuela-Zahnwachtel *(O. columbianus)*
Schwarzstirn-Zahnwachtel *(O. atrifrons)*
Streifengesicht-Zahnwachtel *(O. ballivani)*
Stern-Zahnwachtel *(O. stellatus)*
Tropfen-Zahnwachtel *(O. guttatus)*

Gattung: Singwachteln *(Dactylortyx)*
Singwachtel *(D. thoracicus)*

Gattung: Langbein-Zahnwachteln *(Rhynchortyx)*
Langbein-Zahnwachtel *(R. cinctus)*

Gattung: Baumwachteln *(Colinus)*
Virginiawachtel *(C. virginianus)*
Schwarzkehl-Zahnwachtel *(C. nigrogularis)*
Tupfenwachtel *(C. leucopogon)*
Haubenwachtel *(C. cristatus)*

Gattung: Harlekin-Zahnwachteln *(Cyrtonyx)*
Montezuma-Wachtel *(C. montezumae)*
Tränenwachtel *(C. ocellatus)*

Feldhühner

EIGENTLICHE WACHTELN

Im Folgenden werden zunächst die Wachteln der Gattungen Coturnix, Excalfactoria, Synoicus *und* Anurophasis *vorgestellt. Sie werden auch als Gattungsgruppe „Eigentliche Wachteln“ bezeichnet. Sie sind die kleinsten und wohl auch ursprünglichsten fasanenartigen Hühnervögel. Typisch für die Vertreter der genannten Gattungen sind die geringe Größe, die runde Gestalt, ein sehr kurzer, aus acht bis zwölf Federn bestehender und von den langen Schwanzdecken bedeckter Schwanz und bei* Coturnix *lange, spitze für Langstreckenflüge geeignete Flügel. Der Schnabel ist klein und kurz, die Läufe sporenlos. Die Geschlechter sind teils gleich, teils sehr verschieden gefärbt mit kryptischem Farbmuster der Oberseite, dem sogenannten „Wachtelmuster“. Hennen sind etwas größer als Hähne.*

Wachteleier sind teils einfarbig, teils mit feinen Punkten und/oder Klecksen bedeckt. Sie können vom gleichen Weibchen in der ersten Hälfte der Legezeit gemustert sein, später jedoch einfarbig werden.

Wachteln sind Graslandbewohner der Alten Welt, teils Langstreckenzieher, teils Invasionsvögel. Bezüglich der Stellung im System dürfte es interessieren, dass durch künstliche Besamung vorgenommene Kreuzungsversuche zwischen Huhn und Wachtel sowie Fasan und Wachtel teilweise erfolgreich verliefen.

Wachteln *(Coturnix)*

Europäische Wachtel *(Coturnix coturnix)*

Die Europäische Wachtel ist mit mehreren Unterarten in einem riesigen Gebiet vertreten, das sich im Westen von den Südeuropa und Afrika vorgelagerten Inseln (Azoren, Madeira, Kanaren, Kapverden), Europa und Vorderasien nordostwärts bis zum Baikalsee, südostwärts nach Nordwest-Indien erstreckt, südwärts des Mittelmeeres große Teile Afrikas umfasst und auch die madagassische Region (Madagaskar, Komoren, Mauritius) einschließt.

Als Unterarten werden gegenwärtig anerkannt:

C. c. coturnix: Eurasien von England, Süd-Schweden, den Mittelmeerländern, Kleinasien und dem Nahen Osten ostwärts zum Baikalsee, der Mongolei und Sinkiang (West-China) sowie südostwärts bis West-Indien (Maharastara).

C. c. inopinata: Kapverden.

C. c. confisa: Kanaren, Madeira, Azoren.

C. c. erlangeri: Montane Grasländer in Ost-Simbabwe, West-Mosambik (einschließlich Gorongosas), Nordost-Sambia (Nyika-Plateau), Tansania (Kilimandscharo, das Kraterhochland bis zu den Uluguru-Bergen, Songea, Mbeya, Ufipa), Uganda, Kenia, dem Sudan und Äthiopien bis in 3000 m Höhe.

Vergleichende Untersuchungen ergaben, dass die vormals als selbstständige Unterart *C. c. africana* bezeichneten Brutpopulationen großer Teile Afrikas, nämlich der Kap-Provinz, Natals, des Zululandes, Lesothos, des Swasilandes, Süd-Mosambiks, Transvaals und kleinerer Teile Namibias mit denen der Nominatform identisch und dieser nach Urban, Fry et al. (1986) zuzurechnen sind.

Bei Hähnen der Nominatform ist der Oberkopf braunschwarz mit schmalem, rahmgelbem Mittelscheitelstreif und breitem, gelblich weißem Überaugenband, das bis in die Nackenregion reicht; ein Zügelstreif und die Ohrdecken dunkelrotbraun; Kinn, Kehle, Kopfseiten in der Färbung variabel, meist weiß mit dunkelbraunem Bartstreif, der abwärts ziehend die Kehle umrundet, darunter ein breites weißes Kehlband. Bei manchen Hähnen sind Kehle und Kopfseiten rotbraun oder schwarzbraun ohne helle Kehlbinde. Oberseite mit kontrastreichem Muster aus ockergelben, rostbraunen und schwarzen Farbtönen als schmale und breite Querstreifen, viele Federn mit kontrastreichen, hellrahmfarbenen Lanzettstreifen. Kropf und Vorderbrust hellrotbraun mit schmaler weißer Federschäftung; Flanken rotbraun mit breiten, weißen Schaftstreifen und dunkelbrauner Fleckung, die übrige Unterseite weiß.

Bei der Europäischen Wachtel sind Hahn und Henne gut zu unterscheiden.

Bei der etwas größeren Henne sind Kinn und Kehle stets bräunlich weiß ohne Zeichnung, die Kropfregion ist hellbraun mit dunkelbrauner pfeilförmiger Fleckung. Schnabel bei beiden Geschlechtern braunschwarz, Beine gelblich fleischfarben.

Bevorzugte Habitate der Wachtel sind baum- und buscharme Felder und Wiesen, in Afrika Gebirgsplateausteppen. Sehr trockene Gebiete, Stein- und Lehmböden werden gemieden. Als einziger unserer heimischen Hühnervögel ist die Wachtel ein Zugvogel, der Ende April/Anfang Mai in Mitteleuropa eintrifft und uns Mitte September wieder verlässt. Die Zahl der aus den Überwinterungsgebieten anreisenden Wachteln ist großen Schwankungen unterworfen. Die Hauptursache dafür liegt nach Kipp (1956) im Invasionscharakter der Wachtel, der als ökologische Anpassung zu verstehen ist: Sie reagiert empfindlich auf Klimaschwankungen und richtet sich im Zugverhalten nach den Wetterverhältnissen, daher kann sie direkt als „Wettervogel" bezeichnet werden. Ganz ähnlich verhalten sich übrigens auch die anderen Arten der Gattung *Coturnix*.

Bald nach dem Eintreffen lassen die Wachtelhähne ihr bis 1 km weit vernehmbares, fröhlich klingendes dreisilbiges „pick-wer-wick" im Daktylus-Rhythmus Tag und Nacht hören. Sie wollen damit nicht nur männliche Artgenossen vor dem Betreten ihres Reviers warnen, sondern auch die Tage später ankommenden Hennen dorthin locken. Letztere suchen gleich nach der Anreise inmitten hohen Pflanzenwuchses einen Nistplatz aus.

Das Gelege aus sieben bis 14 gelbbraunen, braun gefleckten Eiern wird von ihnen in 18 bis 20 Tagen erbrütet. Nur während dieser Zeit besteht eine enge Paarbindung zwischen den Partnern. In der Regel zieht das Weibchen die Küken allein groß. Deren Entwicklung verläuft erstaunlich schnell: Mit 19 Tagen sind sie flugfähig und mit vier bis sieben Wochen selbstständig.

Auf dem Zug in die Winterquartiere überfliegen die Wachteln in kleinen Verbänden das Mittelmeer und überqueren nach kurzer Ruhepause die Sahara im Nonstopflug. Die meisten Tiere überwintern in der Sahelzone, aber einige fliegen noch viel weiter südwärts bis nach Äthiopien und Kenia, wo sie im Oktober/November ankommen.

Mit dem Eintreffen der wandernden Wachteln an den Küsten des Mittelmeeres werden sie von der dortigen Bevölkerung seit jeher als willkommene Fleischquelle gejagt und gefangen. Der Netzfang wandernder Wachteln war bereits im alten Ägypten populär, wo der Vogel als Vorbild für die Hieroglyphe „W" diente. Das Alte Testament berichtet, dass die aus Ägypten geflohenen Israeliten als Nahrung Wachteln auf der Halbinsel Sinai fingen. Der Wachtelfang geriet später in Ägypten in Vergessenheit und wurde erst 1885 mit dem Ziel des Exports getöteter Wachteln in die Industrieländer Europas wieder aufgenommen. Man schätzt, dass alljährlich zwischen 600.000 und 6 Millionen Wachteln getötet wurden, wovon die Hälfte zum Eigenbedarf Verwendung fand. Diese alljährlich extrem hohen Bestandsverluste führten zu einer erheblichen Abnahme der Wachtel, was wiederum das Geschäft unrentabel werden ließ. Doch werden nach wie vor große Mengen der schmackhaften Vögel von den Menschen Nordafrikas zum Eigen-

Wachtelfang im alten Ägypten (Bild von Wreszinski).

bedarf gefangen. Bei den in Europa angebotenen Wachteln und Wachteleiern handelt es sich fast stets um Japanwachteln aus Farmbetrieben.

Wegen ihres anheimelnden Schlages wurden Wachtelhähne seit dem Mittelalter in Europa gehalten, wobei man sie entweder frei in der Stube laufen ließ oder in besonderen, oft kunstvoll mit Ornamenten geschmückten Wachtelhäuschen pflegte. In bepflanzten Gartenvolieren gehalten, bereiten heimische Wachteln dem Pfleger viel Freude und schreiten bereitwillig zur Brut.

Japanwachtel *(Coturnix japonica)*

Wegen der äußerlich nur geringen Unterschiede von der eurasiatischen Wachtel wurde die ostasiatische Japanwachtel *(Coturnix japonica)* früher lediglich als Unterart derselben angesehen. Sie bewohnt während des Sommers Transbaikalien bis Sachalin und Nord-Japan. Ihre Winterquartiere liegen in Süd-China, Thailand, Birma und Indochina sowie auf den südlichen japanischen Inseln.

Um der Japanwachtel Artstatus zuzubilligen, gibt es triftige Gründe: Im Gebiet von Ulan Bator (Mongolei) und am oberen Angarafluss überlappen sich die Artareale beider Wachtelformen, ohne dass bisher Hybridvögel gefunden worden wären. Bei Kreuzungsversuchen zwischen beiden Arten wurden bei den männlichen Hybriden der F1-Generation Störungen der Spermiogenese nachgewiesen. Der Schlag der Ostasiatin schließlich klingt ganz anders als der der Eurasierin, nämlich wie ein raues „qua grr".

Die Unterscheidung beider Arten ist im Sommerkleid schwierig. Dann haben die meisten Japanhähne eine rötlich braune oder ziegelrote Kehl- und Wangenfärbung ohne die schwarze Ankerzeichnung der Europäer. Im Winterkleid fallen bei beiden Geschlechtern, besonders aber bei Hähnen, bis 12 mm lange, schmal lanzettförmige, weiße Kehlfedern auf.

Wegen der etwas helleren Gesamtfärbung wurden Japanwachteln des ostasiatischen Festlandes als *C. japonica ussuriensis* beschrieben, was heute nicht mehr anerkannt wird. In Japan, Korea und Nord-China ist die Japanwachtel weit verbreitet und bewohnt ähnliche Habitate wie die Europäerin.

Bereits im 11. Jahrhundert n. Chr. begann die Haustierwerdung dieses kleinen Hühnervogels in den genannten Ländern. Zuerst nur als „Singvogel" gehalten, wurde ab 1770 auch das zarte Fleisch beliebt und um 1910 begann man ihn in Japan auf Legeleistung zu selektieren. Inzwischen sind Ei- und Fleischproduktion nicht nur in Ostasien, sondern seit den 1950er-Jahren auch in Europa (Italien,

Die Japanwachtel sieht der Europäischen Wachtel sehr ähnlich.

Frankreich) zu einer nicht unbedeutenden Wirtschaftsquelle geworden und gegenwärtig wird Wachtelzucht wohl in den meisten Ländern der Erde betrieben. In Deutschland, England und den USA nutzt man die Japanwachtel auch als Labortier.

Die in Elektrobrütern geschlüpften Küken werden von Spezialisten mittels des Kloakentests nach Geschlechtern selektiert. Die Eiproduktion setzt bei Wachtelhennen im Alter von 40 bis 60 Tagen ein und ist damit die kürzeste bisher bekannt gewordene Zeitspanne zwischen Schlupf und erster Eiablage bei einem Vogel. Die Wachteln werden teils einzeln, teils in Massenkäfigen gehalten, wozu meist Kükenaufzuchtbatterien Verwendung finden. Zuchtwachteln werden paarweise gehalten, da dann die besten Eibefruchtungsraten zu erzielen sind.

In Japan hält man die Legewachteln bei Dauerbeleuchtung und füttert sie mit pelletiertem Alleinfutter von 22 bis 24 % Proteingehalt. Zur Mast bestimmte Wachteln erhalten Putenalleinfutter mit 20-%igem Proteingehalt. Haben sie im Alter von fünf Wochen ein Gewicht von 110 g erreicht, werden sie geschlachtet.

Der permanente optische Lichtreiz bewirkt über zentralnervöse Hypothalamus-Zentren des Gehirns eine Stimulation des Hypophysen-Vorderlappens mit kontinuierlicher Hormonausschüttung und dadurch eine bereits mit fünf bis sechs Wochen abgeschlossene Geschlechtsreife. Eine so behandelte Wachtelhenne legt ein Jahr lang bis 300 Eier à 10 g. Sie wird in der Regel nur acht bis zwölf Monate lang gehalten. Von der Gastronomie angebotene Wachteleier stammen stets von Japan-Zuchtwachteln, nicht von der heimischen Art.

Von der Japanwachtel sind mehrere Farbenschläge erzüchtet worden, die Namen wie „Pharao“, „Manchurian Golden“, „British Range“, „Tüedo“ und „English Withe“ tragen. Japanwachteln lassen sich gut in Volieren halten, doch brüten die Hennen nur noch selten selbstständig. Die Erbrütungsdauer beträgt 18 Tage.

Regenwachtel *(Coturnix coromandelica)*

Die Regenwachtel bewohnt Indien von Pakistan im Westen bis Bangladesch, Birma und Nordwest-Thailand im Osten. Die Geschlechter sind verschieden gefärbt. Beim Hahn ist der Scheitel schwarz mit rotbrauner Federsäumung und einem ockergelben Streifen auf der Scheitelmitte. Oberseite mit typischem Wachtelmuster; Kehle weiß mit ankerförmiger schwarzer Zeichnung, schwarzer Säumung und großem schwarzem Kropffleck; Unterseite bräunlich mit breiter schwarzer Strichelung auf Brust und Flanken.

Hennen ähneln denen der heimischen Wachtel, sind nur kleiner. Die Art ist ein typischer Invasionsvogel, der nach ergiebigen Regenfällen im sonst recht trockenen Nordwesten Indiens in großen Scharen erscheint, was mit Beginn des Südwest-Monsums ab Ende Juni der Fall ist. Im Himalaja-Gebirge kann sie noch in Höhen bis 2000 m angetroffen werden. Ihre Habitate entsprechen denen unserer Wachtel. Die Hähne rufen melodisch drei- bis fünfmal hintereinander „witsch-witsch“. Die Henne erbrütet das aus sechs bis acht isabellbraunen, dunkelbraun beklecksten Eiern bestehende Gelege in 18 bis 19 Tagen.

Regenwachteln werden hin und wieder im Handel angeboten. Die in der Größe zwischen Wachtel und Zwergwachtel stehende Art ist weniger stimmfreudig als Letztere und deshalb für die Zimmervolierenhaltung geeigneter.

Sitzt bei einer Naturbrut die Henne auf dem Gelege, wird sie oft vom Hahn durch Paarungsversuche gepeinigt und kann das Brüten nicht zu Ende führen. Das Verhalten des Hahnes spricht für eine Polygynie der Art. Er ist deshalb rechtzeitig von der brütenden Henne abzusondern und außer Stimmfühlungsnahme von ihr zu isolieren.

Schwarzbrustwachtel *(Coturnix novaezelandiae)*

Die Schwarzbrustwachtel Australiens und ehemals auch Neuseelands ist der indischen Regenwachtel recht ähnlich, nämlich im männlichen Geschlecht auf Kopfseiten und Kehle hellziegelrot, der Unterseite weiß mit schwarzen Strichen. Bei Hennen ist die Kehle bräunlich weiß, die Kopfseiten sind dazu schwarz getüpfelt; Kropf, Brust und Körperseiten weißlich bis blassbräunlich mit schwarzbrauner Streifung und Strichelung.

Früher unterschied man zwei Unterarten:

C. n. novaezeelandiae: Neuseeland; seit 1869 ausgestorben.

C. n. pectoralis: Süd-Australien nordwärts bis zum Pilbarafluss, Alice Springs und Zentral-Queensland. Auf Tasmanien ausgestorben.

Nach Medge und McGowan (2002) handelt es sich um zwei getrennte Arten, sodass man die heute noch lebende Schwarzbrustwachtel als *Coturnix pectoralis* bezeichnet. Diese bei den Australiern unter dem Namen „Stubble Quail“ (Stoppelwachtel) recht populäre Art bewohnt mit Ausnahme von Wäldern viele Habitate und ist auf trockenen Ebenen und Ackerflächen am häufigsten. Das mit der Besiedlung des fünften Kontinents durch die Europäer einhergehende weitflächige Abholzen von Wäldern hat ihre Ausbreitung wesentlich gefördert. Da die Hauptnahrung aus Wiesengrassamen und Unkrautsämereien besteht, folgt sie der Samenreifung dieser Pflanzen durch Süd- und Ost-Australien und unternimmt nach Regenfällen weite Wanderungen ins Inland. So hatte zum Beispiel ein bei Adelaide beringter Vogel, der in Neusüdwales wiederaufgefunden wurde, wenigstens 1300 km zurückgelegt. Die Vögel wandern einzeln und treffen sich in futterreichen Gebieten mit Artgenossen, um dort zu brüten und sich danach wieder in alle Himmelsrichtungen zu zerstreuen. Reichliches Nahrungsangebot nach ergiebigen Regenfällen bewirkt mehrere Bruten hintereinander.

Die Hähne rufen dreisilbig „zuk-ii-whit". Die Henne erbrütet das aus sieben bis 14 isabellgelben, dicht braun gepunkteten und bekleckten Eiern bestehende Gelege in etwa 21 Tagen. Angeblich ziehen beide Eltern gemeinsam die Küken groß. Diese sind mit ungefähr sechs Wochen voll befiedert und haben Zweidrittel der Erwachsenengröße erreicht. Sie schließen sich dann in nach Geschlechtern getrennten Jugendtrupps zusammen.

Vor dem Inkrafttreten des Exportverbots für heimische Tiere durch die australische Regierung gelangte die Art hin und wieder in den Handel und wurde erstmalig 1906 in England gezüchtet.

Harlekinwachtel *(Coturnix delegorguei)*

Eine im männlichen Geschlecht recht bunte Art ist die afrikanische Harlekinwachtel, von der folgende Unterarten beschrieben wurden:

C. d. delegorguei: Südafrika nordwärts bis zur Elfenbeinküste und Äthiopien. Als Zugvogel auf Sokotra, Pemba, Madagaskar und Fernando Poo.

C. d. arabica: Nur in wenigen Stücken aus Süd-Arabien bekannt. Valide Unterart?

C. d. histrionica: Insel Sao Thom im Golf von Guinea.

Die Geschlechter sind sehr verschieden gefärbt. Hähne haben eine weiße Kehle mit schwarzer, ankerförmiger Zeichnung sowie schwarze Kropf- und Brustmitte. Oberseite mit üblichem Wachtelmuster, die Unterseite blassrotbraun mit schwarzer Fleckung und Strichelung.

Bei der Harlekinwachtel ist der Hahn recht bunt gefärbt.

Bei Hennen ist die Kehle bräunlich weiß mit schmaler, schwarzbrauner Säumung, die Unterseite blassrotbraun mit breiter, hellerer Federsäumung. Bei beiden Geschlechtern Schnabel hornbraun bis schwarz, Beine rosa bis bräunlich fleischfarben. Die Art ist ein Invasionsvogel, der Wanderbewegungen von sehr variablem zeitlichem Ablauf durchführt. Auslöser dafür dürften von den Vögeln auch auf große Entfernungen geortete Luftdruckveränderungen sein.

Tagsüber und nachts ziehen diese Wachteln zielsicher in Riesenscharen zu Niederschlagsgebieten. In der Tschadregion treffen sie mit Beginn der Regenzeit von Süden her ein und verschwinden nach beendeter Brut mit den flugfähigen Jungen in gleicher Richtung.

Die Habitate entsprechen denen von *C. coturnix*. Im Aruschagebiet im Nordosten von Tansania, wo *C. c. erlangeri* und *C. delegorguei* meist von Februar bis Juli brüten, bewohnt Letztere Gelände mit kurzer, lückiger Grasnarbe. Auf den Ardaiebenen Tansanias brüten die beiden Arten sogar direkt nebeneinander, ohne zu hybridisieren. Gebrütet wird in großen kompakten Gruppen, sodass man fast von Brutkolonien sprechen könnte.

Die Harlekinhähne kämpfen oft erbittert um ihr winziges Revier und verkünden ihren Anspruch darauf mit lauten „witt-witt-witt“-Rufen. Die Nester sind gut im Gras versteckt und die brütende Henne zieht sich als Tarnung gern Grashalme über den Rücken. Aus dem sechs bis acht einfarbige oder braun gepunktete und bekleckste Eier enthaltenden Gelege schlüpfen die Küken nach 14- bis 16-tägiger Bebrütung. Sie können mit fünf Tagen über kurze Entfernungen fliegen und werden um den 21. Tag selbstständig. Nach vier Wochen ist bei Junghähnen die weiße Gesichtsmaske erkennbar und mit acht bis neun Wochen gleichen die Jungvögel Erwachsenen.

In vielen Gebieten ihres Brutvorkommens wird diese Art von der heimischen Bevölkerung mithilfe lebender Lockhähne massenhaft in Fußschlingen gefangen. Harlekinwachteln werden hin und wieder im Handel angeboten und sind leicht züchtbar. Die Haltung ist sehr empfehlenswert.

Zwergwachteln *(Excalfactoria, syn.: Coturnix)*

Mit einem Gewicht von 45 bis 60 g und Sperlingsgröße sind die afroasiatischen Zwergwachteln die kleinsten Hühnervögel. Sie werden heute auch häufig der Gattung *Coturnix* zugeordnet. Sie unterscheiden sich aber von dieser Gattung durch einen kleinen zierlichen Schnabel mit hakig übergebogener Oberschnabelspitze sowie kürzere Flügel.

Die Geschlechter sind verschieden gefärbt. Zwergwachteleier sind überaus variabel gefärbt: Sie können einfarbig sahnegelb, lehmgelb oder braun, oft aber auch fein schwarzbraun gesprenkelt oder dick bekleckst sein.

Zwergwachtel *(Excalfactoria chinensis)*

syn.: *Coturnix chinensis*

Folgende Unterarten der einzigen Art sind anerkannt:

E. c. chinensis: Die vorderindische Halbinsel südlich und östlich einer von Bombay nach Simla gedachten Grenzlinie, ostwärts Birma, die Malaiische Halbinsel, Thailand, Indochina und Südost-China in den Provinzen Fukien, Kwantung, Yünnan, ferner Taiwan.

E. c. trincutensis: Nikobaren.

E. c. palmeri: Sumatra, Java.

E. c. lineata: Borneo, Philippinen, Sulawesi, Lombok, Sumba, Flores, Timor. Auf Guam eingebürgert.

E. c. lepida: Bismarck-Archipel.

E. c. novaeguineae: Bergtäler Zentral-Neuguineas bei 2200 m.

E. c. papuensis: Südost Neuguinea von der Küste bis 1200 m.

E. c. australis: Queensland, Victoria.

E. c. colletti: Nord-Australien.

E. c. adansonii: Afrika im Norden von Sierra Leone und Äthiopien südwärts bis Sambia, die östliche Kap-Provinz und Natal.

Bei Hähnen der Nominatform sind Scheitel und Nacken rostbraun mit Schwarzbänderung sowie einem isabellfarbenen Scheitelstreif; Rücken bis Oberschwanz-

Zwergwachteln sind die kleinsten Hühnervögel.

decken rostbraun, die Federn grau gesäumt und breit schwarz gebändert, dazu mit isabellweißen Schaftstreifen versehen; Schwanzfedern kastanienbraun. Der Zügel und ein breites Überaugenband, Kopfseiten und Hals schiefergrau; ein weißer Unterzügelstreif zieht von der Schnabelbasis bis unter das Auge; ein darunter verlaufendes schwarzes Band biegt unterhalb der Wangen U-förmig um und wird nach vorne ziehend zu einem breiten schwarzen Kinn- und Kehlfleck, die breite weiße Bartregion umsäumend; ein breites, U-förmiges weißes Halsband verläuft, sich rückwärts verschmälernd, bis unter die Wangen und wird unten seinerseits von einer schwarzen Halsbinde begrenzt. Oberbrust und Flanken schiefergrau, Brustmitte, Bauch und Unterschwanzdecken kastanienbraun.

Hennen haben eine breite, hellrostbraune Überaugen- und Vorderhalsregion und weiße Kehle. Oberseits weisen sie die typische Wachtelfärbung auf und sind unterseits hell isabellrötlich mit Schwarzbänderung. Bei beiden Geschlechtern ist der Schnabel schwarz, die Iris karminrot, die Beine sind orangegelb.

In ihrer Heimat bewohnen Zwergwachteln dichtes, feuchtes Grasland auf Ebenen und Gebirgen. Sie sind monogam und leben außerhalb der Brutzeit in Familiengruppen zusammen. Innerhalb ihrer Reviere durchziehen Trittpfade tunnelartig das Gras. Während der Fortpflanzungszeit stößt der Zwergwachtelhahn Tag und Nacht einen hohen dreisilbigen Pfiff aus abwärts laufenden Tönen aus, die wie „kwuii-kii-kju“ klingen. Das vom Weibchen gescharrte Nest liegt gut versteckt unter überhängenden Grashalmen. Das Gelege aus durchschnittlich vier bis sechs Eiern wird vom Weibchen in 16 bis 17 Tagen erbrütet.

Der Hahn hält Wache am Nest und greift selbst größere Tiere mutig an. In nahrungsreichen Jahren werden mehrere Bruten hintereinander absolviert. Die beim Schlupf nur hummelgroßen Küken werden vom Elternpaar betreut. Sie sind gegen Ende der 2. Lebenswoche fast flügge und können ihre Flügelchen gebrauchen. Mit sechs Wochen ist das Jugendkleid vollständig und im Alter zwischen 14 und 18 Wochen legen Junghennen ihr erstes Ei. Aus Vorderindien und Birma wird über lokale Wanderbewegungen von Zwergwachteln berichtet.

Ob es sich bei der **Afrikanischen Zwergwachtel** – *E. chinensis (adansonii)*, syn.: *Cortunix adansonii* – wirklich um eine selbstständige Art oder lediglich eine Unterart der indoaustralischen Spezies handelt, ist gegenwärtig noch ungeklärt. Trifft Letzteres zu, dann ist die Afrikanerin jedenfalls die farblich abweichendste Unterart.

Von den indoaustralischen Verwandten unterscheidet sie sich im männlichen Geschlecht durch den viel breiteren, bis auf die Oberbrust ausgedehnten weißen Kehllatz, die überwiegend braunen Flügeldecken, breite kastanienbraune Flankenstreifen sowie das Fehlen dieser Farbe auf Unterbrust und Bauch. Die Beine sind schwefelgelb gefärbt.

Die Hennen besitzen eine hellrostrote Gesichtsfärbung und dunkelbraune Oberseite. Die in Afrika keineswegs häufige, eher sporadisch auftretende Zwergwachtel bewohnt gleiche Habitate wie die Asiaten und wurde in Gebirgen bis 1800 m Höhe angetroffen. Sie führt unregelmäßige Wanderbewegungen durch, die mit den in Afrika zwar jahreszeitlich bedingten, aber recht unterschiedlich stark fallenden oder ausbleibenden Niederschlägen zusammenhängen dürften. In Nigeria erscheint sie während des Höhepunkts der Regenzeit, brütet und verlässt das Land nach dem Flüggewerden der Jungen mit unbekanntem Ziel. Da Hähne mit gut ausgebildetem Brutfleck gefunden wurden, scheint ihre wenigstens zeitweilige Beteiligung am Brutgeschäft sicher.

Die Zwergwachtel gelangte bereits 1794 nach Europa, doch ist ihre Haltung in Ostasien lange vor diesem Datum verbürgt. In China wurde sie gern während kalter Winter als lebender Handwärmer in den Rocktaschen mitgeführt, was ihren Gattungsnamen „Excalfactoria", das heißt die Wärmende, erklärt. Bei uns ist sie zu einem beliebten Käfig- und Volierenvogel geworden, der als domestiziert gelten kann. Anspruchslosigkeit, leichte Züchtbarkeit und Zutraulichkeit verbunden mit interessantem Verhalten haben diesem kleinsten Hühnervogel zu großer Popularität verholfen.

Bei Volierenhaltung soll ein Raum von 2 x 2 m möglichst nicht unterschritten werden. Bietet man der Zwergwachtelhenne einen von außen nicht einsehbaren Nistplatz, wird sie in vielen Fällen ihre Eier dort ablegen und das Gelege selbst erbrüten. Manche Hennen legen bis zur Erschöpfung, wenn man ihre Hähne nicht außer Hörweite entfernt.

Dieser Tropenvogel ist zwar nicht besonders kälteempfindlich, soll aber keineswegs Temperaturen unter dem Gefrierpunkt ausgesetzt werden. Bei Zimmerhaltung können Hähne durch ihre lauten, häufig wiederholten bussardähnlichen Rufe störend wirken.

In Züchterhand sind zahlreiche Farbenschläge wie Weiß, Silber, Isabell, Rehbraun, Geperlt, Gescheckt und Schwarz ohne Maske entstanden. Da leider oft mehrere solcher Mutanten unterschiedlicher Farbe gemeinsam in einer Voliere gehalten werden, lässt sich der Vererbungsgang ihrer Nachkommen kaum noch bestimmen. Weil sich die dunkle Färbung mit fehlender Kopfmaske der schwarzen Mutation gegenüber den anderen Farbenschlägen dominant vererbt und mittlerweile in alle übrigen eingekreuzt wurde, gibt es heute in vielen Zuchten maskenlose Vögel.

Um das Durcheinanderkreuzen von Farbe und Namensgebung zu beenden, wurde auf der AZ-Zuchtrichtertagung 1987 beschlossen, solche Zwergwachteln nach ihrem auffälligsten Merkmal „Chinesische Zwergwachtel ohne Maske" und dahinter den jeweiligen Farbenschlag wie Dunkelbraun, Silber usw. zu benennen.

Sumpfwachteln *(Synoicus, syn.: Cortunix)*

Die Sumpfwachteln sind Bewohner Australiens und der Wallacea. Sie werden zwar häufig der Gattung *Coturnix* zugeordnet, unterscheiden sich von diesen Wachteln aber durch bedeutendere Größe, den kräftigen Schnabel mit hohem Oberschnabel, lange weiße, statt kurze graue Achselfedern sowie einen längeren Schwanz. Die Geschlechter sind gleich groß und verschieden gefärbt. Eier sind anders als bei *Coturnix* einfarbig oder zart gepunktet.

Sumpfwachtel *(Synoicus ypsilophorus)*

syn.: *Cortunix ypsilophorus*

Von der einzigen Sumpfwachtelart werden zwölf Unterarten unterschieden:

S. y. ypsilophorus: Südost-Australien, Tasmanien; auf Neuseeland eingebürgert.

S. y. australis: Südwest-Australien, Süd-Queensland südwärts bis Victoria.

S. y. queenslandicus: Nord-Queensland.

S. y. cervinus: Nordwest-Australien.

S. y. dogwa: Ebenen Süd-Neuguineas.

S. y. plumbeus: Ebenen Ost-Neuguineas.

S. y. saturatior: Ebenen Nord-Neuguineas.

S. y. mafulu: Südhänge der Gebirge Südost-Neuguineas zwischen 900 und 1700 m.

S. y. lamonti: Bergwiesen des zentralen Hochlands Neuguineas, unter anderem Mt. Hagen bei 2600 m.

S. y. monticola: Alpine Wiesen der Gebirge Südost-Neuguineas.

S. y. pallidior: Sumba und die Savu-Inseln.

S. y. raaltenii: Flores und Timor.

Wohl bei allen Unterarten der Sumpfwachtel tritt im männlichen Geschlecht in unterschiedlicher Häufigkeit eine braune, rote und blaugraue Morphe auf. Die Weibchen aller Unterarten sind dagegen weitgehend gleich gefärbt. Hähne der in Australien häufigen Braunmorphe haben einen dunkelbraunen Scheitel mit schmalem, hellem Mittelstreif, sind oberseits mittelbraun mit schwarzer Querbänderung und Fleckung sowie schmalen cremefarbenen Schaftstreifen der Federn; Gesicht einfarbig grau, Ohrdecken dunkelbraun, Kinn und Kehle ockergelblich; übrige Unterseite gelbbraun mit dichter V- und Y-förmiger dunkelbrauner Querbänderung, eine Art Zickzackmuster bildend, sowie schmaler Weißschäftung der Brust- und Flankenfedern.

Hennen unterscheiden sich durch kräftigere Bänderung und Fleckung der Oberseite sowie geringere Schwarzbänderung der Unterseite. Bei beiden Geschlechtern ist der Schnabel blaugrau, die Iris gelb bis orangerot, die Beinfärbung orangegelb.

Die Neuguinea-Unterarten besiedeln feuchte Ebenen sowie Berghänge und Gebirgswiesen bis 3600 m Höhe und variieren in Größe und Färbung auf dieser Insel außerordentlich, wobei sie durch intermediäre Populationen untereinander verbunden werden. Die genannten Unterschiede stehen in direktem Zusammenhang mit der Höhenlage des Vorkommens: Mit zunehmender Höhe lässt sich eine Größenzunahme bei gleichzeitig geringer werdendem Geschlechtsdimorphismus nachweisen.

Auf dem australischen Kontinent sind die nördlichen, tropischen Populationen am kleinsten, die südlichsten auf Tasmanien am größten. Auf dem australischen Kontinent bewohnt die Art Hochgras- und Seggenwiesen auf tief liegendem sumpfigem Gelände und findet ihr Fortkommen noch in 1 ha großen Sumpfdickichten. Das Trockenlegen von Sümpfen hat im südlichen Küstenland Australiens viele Vorkommen zum Erlöschen gebracht.

Sumpfwachteln sind weniger lebhaft als Schwarzbrustwachteln und führen auch nicht so spektakuläre Wanderbewegungen durch wie diese. Nur die nordaustralischen Populationen scheinen aktiver zu sein, denn sie überqueren nämlich regelmäßig die Torresstraße nach Neuguinea und zurück.

Die Fortpflanzungszeit ist im riesigen Verbreitungsareal sehr unterschiedlich und von den unregelmäßig fallenden Niederschlägen abhängig. Die Hähne verkünden ihren Revieranspruch mit pfeifendem „ff-wiiip“. Nester werden inmitten dichten Pflanzenwuchses aus muldig zusammengedrehten Halmen erbaut und durch überhängende Halme oben getarnt. Das Gelege aus sieben bis elf Eiern wird von der Henne in 20 bis 22 Tagen erbrütet. Das Paar zieht die Küken gemeinsam groß. Diese sind mit zehn Tagen flugfähig. Oft schließen sich mehrere führende Paare zu Trupps aus bis zu 30 Mitgliedern zusammen.

Sumpfwachteln wurden nur sehr selten importiert und 1864 erstmals in England gezüchtet. In Australien werden sie häufig in Tiergärten und von Liebhabern gehalten und vermehrt.

Schneegebirgswachteln *(Anurophasis)*

Eng mit den Sumpfwachteln verwandt ist die 1910 beschriebene, fast rebhuhngroße Schneegebirgswachtel der Hochgebirge West-Neuguineas.

Schneegebirgswachtel *(Anurophasis monorthonyx)*

Der einzige Vertreter der Gattung zeichnet sich durch einen kurzen Schnabel mit auffällig gebogenem First, die kurze, hoch angesetzte Hinterzehe sowie die stark verlängerte Kralle der inneren Vorderzehe aus. Die kurzen weichen Schwanzfedern werden von langen Oberschwanzdecken überdeckt und sind von diesen nicht unterscheidbar. Die Geschlechter sind verschieden gefärbt. Eier besitzen eine schwach glänzende, hellbräunliche Schalenoberfläche mit dunkelbrauner Tüpfelung und gleichfarbiger Klecksung.

Der Hahn ist oberseits dunkelbraun mit schmaler, isabellfarbener bis hellbrauner Bänderung und heller Federschäftung; Gesichts- und Halsseiten, Kinn, Kehle und Oberbrust hellrostbraun, die übrige Unterseite kastanienbraun mit undeutlicher Schwarzbänderung von der Oberbrust bis zu den Unterschwanzdecken.

Bei Hennen sind dic bcim Hahn kastanienbraunen Partien der Unterseite hellisabellfarben und viel kräftiger schwarz gebändert. Federn der Oberseite weniger auffällig dunkelbraun gebändert und breiter hellgeschäftet. Bei beiden Geschlechtern ist der Schnabel hornfarben mit heller Basis, die Beine sind gelb.

Die Art bewohnt alpine Wiesen und die Säume dichten niedrigen Buschwaldes auf den Nordhängen des Schneegebirges in Höhen von 3200 bis 3800 m. Dort wurde sie in kleinen Gruppen aus zwei bis drei Vögeln angetroffen, die aufgeschreckt unter lautem Fluggeräusch und gellendem Geschrei aufflogen, um nach 50 bis 100 m in einer Deckung zu landen. Über die Fortpflanzungsbiologie ist wenig bekannt. Bisher wurde nur ein Nest mit drei Eiern gefunden.

Frankolinwachteln *(Perdicula)*

Ein auffallend hoher, kurzer Schnabel, mit Sporenhöckern versehene Läufe, rundliche Schwingen und ein kurzer, runder Schwanz aus zehn bis zwölf Steuerfedern zeichnen die beiden Arten der vorderindischen Frankolinwachteln aus. Die Geschlechter sind verschieden gefärbt, die rundovalen Eier einfarbig cremegelb. Man nimmt heute an, dass die beiden teilweise sympatrischen Arten der Gattung eine Superspezies bilden.

Frankolinwachtel *(Perdicula asiatica)*

Diese Art ist mit vier Unterarten über den indischen Subkontinent verbreitet:

P. a. asiatica: Zentral- und Nordost-Indien westwärts bis Gudjerat, ostwärts bis Bihar.

P. a. punjabi: Indien von Kaschmir und Punjab bis Himachal Pradesh und Utar Pradesh.

P. a. vidali: West-Indien von der Malabarküste südwärts bis Kerala.

P. a. ceylonensis: Sri Lanka (Ceylon).

Bei Hähnen der Nominatform ist der Scheitel braun mit Schwarzbänderung; Stirn, Zügel, Überaugenregion, Kinn, Kehle und obere Ohrdecken rostbraun mit je

Frankolinwachteln – hier eine Henne – lassen sich leicht halten und züchten.

einem weißen Streifen über der Superziliarregion und auf dem Zügel; Oberseite mit typischem Wachtelmuster, die Innenfahnen der Handschwingen im Gegensatz zu *P. argoondah* (siehe S. 56) einfarbig braun; Unterseite weiß und schwarz gebändert.

Hennen unterscheiden sich durch die einfarbig weinrötliche Unterseite von Hähnen. Bei beiden Geschlechtern ist der Schnabel schwärzlich, die Iris orangebraun und die Beine sind trübgelb.

Habitate der Art sind grasige Buschdschungel und offene Laub abwerfende Wälder auf ebenem wie bergigem Gelände bis 1200 m. Dort werden die Wachteln außerhalb der Brutzeit in Verbänden aus bis zu 20 Mitgliedern angetroffen. Zur Brutzeit besetzen die Paare Reviere, die sie nachhaltig gegen eindringende Artgenossen verteidigen.

Frankolinwachteln sind Antiphonalsänger: Die Henne beginnt die Strophe mit wiederholtem „tschägäk“, der Hahn schließt sich mit „tschuä“ an, wonach die Henne das Lied mit erneutem „tschägäk“ beendet. Zum Nestbau trampelt sie Gras zu einer Art Matratze nieder und erbrütet ihr Gelege aus vier bis sieben gelblich weißen Eiern in 21 bis 22 Tagen. Frankolinwachteln haben sich als leicht halt- und züchtbar erwiesen, werden jedoch selten importiert.

Madraswachtel *(Perdicula argoondah)*

Wegen ihrer großen Ähnlichkeit mit der Frankolinwachtel wurde die Madraswachtel früher für eine Unterart derselben gehalten. Dagegen spricht jedoch, dass die in vielen Gebieten Indiens sympatrischen Formen keine Hybriden erzeugen.
Drei Unterarten werden unterschieden:

P. a. argoondah: Indische Halbinsel von Berar südwärts durch das Dekkan-Plateau bis nach Madras.

P. a. meinertzhageni: Punjab und Uttar Pradesh südwärts bis Kutch und Gudjerat, ostwärts bis W. Madhya Pradesh.

P. a. salimali: Steinige Lateritböden des östlichen Zentral-Mysore.

Hähne der Madraswachtel unterscheiden sich von denen der Frankolinwachtel durch das Fehlen eines hellorangefarbenen Überaugenstreifens, den trüb ziegelroten Kehlfleck sowie hellgeblich gesprenkelte und gebänderte Innenfahnen der Handschwingen. Weibliche Madraswachteln lassen sich am Fehlen des roten Kehlflecks von Frankolinenwachtelhennen unterscheiden.

Als Habitat schätzt die Madraswachtel trockene, steinige, schütter mit Dorngestrüpp bewachsene Böden und wird selten in Höhen über 600 m angetroffen. Unterschiede zwischen beiden Arten im Stimmrepertoire sind noch nicht untersucht worden. Die Madraswachtel ist wiederholt eingeführt, aber meist mit der sehr ähnlichen Frankolinwachtel verwechselt worden.

Buntwachteln *(Cryptoplectron, syn.: Perdicula)*

Die heute oft in einer Gattung mit den Frankolinwachteln zusammengefassten, ebenfalls indischen Buntwachteln sind durch ihren langen, schlanken Schnabel, die lange, sehr dichte Bürzel- und Oberschwanzdeckbefiederung und die sporenlosen Läufe charakterisiert. Die Geschlechter sind verschieden gefärbt. Die Eier sind einfarbig cremegelb bis milchkaffeebraun.

Buntwachtel *(Cryptoplectron erythrorhynchum)*

syn.: *Perdicula erythrorhynchum*

Bei dieser Art werden zwei Unterarten unterschieden:

C. e. erythrorhynchum: Die West-Ghats etwa von Khandala südwärts durch Kerala und die angrenzenden Hügelberge.

C. e. blewitti: Das östliche Maharashtra, Ost-Madhya Pradesh, Bihar, Orissa und West-Bengalen.

Bei Hähnen der Nominatform ist der Scheitel schwarz mit braunem Mittelfeld. Quer über die Oberstirn zieht ein weißes, diademartiges Band über die Augen bis vor den Nacken. Eine Gesichtsmaske ist schwarz, Kehle und Wangen sind weiß und werden von einem schwarzen Band umsäumt; Oberseite und Brust olivbraun mit schwarzer Klecksfleckung, die Flügeldeckfedern dazu mit schmalen weißen Schaftstreifen. Bauch und übrige Unterseite rostrot, Flanken und Unterschwanzdecken schwarz mit heller Federsäumung. Den Hennen fehlt die bunte Kopfzeichnung der Hähne. Bei beiden Geschlechtern sind Schnabel und Beine korallenrot.

Habitate der Art sind mit hohem Gras bestandene, zerrissene Vorhügel von Bergen und schütterer Busch auf steinigen Hängen, besonders entlang von Dschungelrändern in Höhen von 600 bis 2000 m. Außerhalb der Brutzeit leben Familientrupps aus sechs bis zehn Vögeln zusammen, die sich während der Morgen- und Abendstunden zur Futtersuche und zum Staubbaden auf offene Flächen begeben. Bruten wurden über das ganze Jahr verteilt festgestellt und sind vermutlich von reichlichen Niederschlägen abhängig.

Der Revierruf der Hähne klingt wie „kirikii“ und wird mehrfach wiederholt. Die Henne erbrütet das aus vier bis sieben Eiern bestehende Gelege in 16 bis 18 Tagen. Die Küken werden von beiden Eltern betreut.

Buntwachteln sind interessante, leicht züchtbare und recht produktive Pfleglinge, die sich auch für Zimmervolieren eignen. Sie sind hin und wieder im Tierhandel erhältlich.

Manipur-Wachtel *(Cryptoplectron manipurensis)*

syn.: *Perdicula manipurensis*

Die zweite Art der Gattung ist die Manipur-Wachtel, von der zwei Unterarten beschrieben wurden:

C. m. manipurensis: Manipur und Assam (Khachar, Khasi, Naga).

C. m. inglisi: Nördliches West-Bengalen, Assam nördlich des Brahmaputra.

Bei Hähnen der Nominatform sind Stirn, Wangen, Kinn und Kehle tief kastanienbraun; ein weißes Zügelband umzieht die Augen und endet in der Ohrregion; Oberseite schiefergrau mit schwarzer Bänderung; Hals und Oberbrust aschgrau, die Federn mit schwarzen Zentren. Unterseite bräunlich ockergelb, jede Feder mit schwarzem Kreuzfleck versehen.

Hennen unterscheiden sich von Hähnen durch das Fehlen der dunkelkastanienbraunen Partien auf Kopf, Kinn und Kehle. Die beiden Letzteren sind weiß oder grauweiß; Brust und Bauch sind ledergelb statt hellrostbraun.

Habitate dieser Art sind höhere, dichtere Grasbestände, als sie die Buntwachtel bewohnt. Besonders schätzen die Tiere die dschungelartigen Elefantengrasbestände mit ihren 3 bis 4 m hohen Halmen in Wassernähe. Dort trifft man die schwer zu beobachtenden Vögel in Trupps aus sechs bis acht Stück an. Bisher ist nur ein einziges Nest mit vier Eiern gefunden worden. Manipur-Wachteln sind noch nicht importiert worden. Haltung und Zucht könnten Aufklärung über ihre Biologie geben.

Himalaja-Bergwachtel *(Ophrysia)*

Eine fast rebhuhngroße Buntwachtel ist die gegenwärtig als ausgestorben geltende Himalaja-Bergwachtel. Die monotypische Gattung dürfte am engsten mit *Perdicula* und *Cryptoplectron* verwandt sein.

Himalaja-Bergwachtel *(Ophrysia superciliosa)*

Diese Wachtel ist neben ihrer Größe durch den kurzen, kräftigen Schnabel, borstenartige steife Stirnfedern, das aus langen, weichen, breit lanzettförmigen Federn bestehende Kleingefieder, kurze runde Flügel, den keilförmigen, 10-fedrigen Schwanz sowie kurze, kräftige, sporenlose Läufe charakterisiert. Die Geschlechter sind verschieden gefärbt.

Heimat des Vogels ist der West-Himalaja in Banong, Badhraj hinter Mussoorie im Ost-Punjab sowie Sher-ka-danda nahe dem Nainital in Kumaon.

Bei Hähnen sind Scheitel und Nacken graubraun mit schwarzer Streifung; über die Stirn verläuft ein weißes diademartiges Band rückwärts die Überaugenregion entlang bis zu den Nackenseiten und wird beiderseits von einem schmalen, schwarzen Band gesäumt. Zügel und ein Hinteraugenfleck weiß, Gesicht, Kinn und Kehle schwarz mit weißem Wangenband; Oberseite dunkelolivbraun mit schwarzen Seitensäumen der Federn, die Flügel brauner und heller; Unterseite grauer als Oberseite, die Unterschwanzdecken schwarz mit weißer Säumung.

Hennen sind heller gefärbt, mehr zimtbraun, die schwarze Gesichtszeichnung der Hähne fehlt. In beiden Geschlechtern ist der Schnabel korallenrot, die Beine sind trübrot.

Habitate der Art waren steile gras- und gestrüppbewachsene Berghänge in Höhen zwischen 1500 und 2100 m. Dort wurden bis 1868 Trupps aus fünf bis sechs Vögeln angetroffen. Bei Annäherung von Jägern flogen sie auf, um sich nach kurzem, schwerfällig wirkendem Flug in eine Deckung fallen zu lassen. Nur zehn Bälge wurden gesammelt und befinden sich in den Museen von Liverpool, London und New York. Zurzeit beschäftigen sich Ornithologen mit der Suche nach der möglicherweise noch vorhandenen Art.

FRANKOLINE

Innerhalb der Unterfamilie Feldhühner (Perdicinae) wird häufig die große, überaus komplexe Artengruppe der Frankoline in einer einzigen Gattung Francolinus *vereinigt. Deren etwa 40 Arten sind über weite Teile Afrikas, Vorder- und Südasiens verbreitet, besiedeln viele Biotope und vertreten in den genannten Ländern weitgehend Reb-, Sand- und Steinhühner. Dass so viele wachtel- bis rebhuhngroße, farblich sehr verschiedene Kleinhuhnarten ohne subtilere systematische Differenzierung in einer „Sammelgattung“ vereint bleiben sollen, gab schon so manchem Ornithologen zu Bedenken Anlass und seit den 1960er-Jahren versucht man deshalb, mittels verschiedener wissenschaftlicher Methoden die exakten systematischen Positionen der zahlreichen Taxa zu klären.*

Hall (1963) kam aufgrund vergleichender morphologischer Untersuchungen zu dem Schluss, dass alle Frankoline von einer einzigen Stammform abzuleiten seien, und stellte nach Gemeinsamkeiten der Färbung, Stimme, Habitate sowie der geografischen Verbreitung acht aus jeweils mehreren Taxa bestehende Gruppen auf. Lediglich vier Arten (F. lathami, F. nahani, F. pondicerianus, F. gularis) *ließen sich in keine derselben einordnen.*

Als Gemeinsamkeiten aller in der Gattung Francolinus *vereinigten Arten führt sie zum Unterschied von anderen Perdicinae einen längeren, robusteren, leicht gekrümmten Schnabel, den relativ kurzen 14-fedrigen Schwanz, die bei den meisten Arten vorhandenen Sporen und Sporenrudimente an den Läufen der Hähne sowie die aufrechte Körperhaltung an. Crowe und Crowe (1985) zweifeln dagegen aufgrund eigener vergleichender morphologischer, akustischer, ethologischer und ökologischer Untersuchungen an einer Monophylie aller Frankoline und glauben nur bei fünf der von Hall (1963) aufgestellten Artengruppen (Tropfen-, Rotflügel-, Rotschwanz-, Nacktkehl- und Bergfrankoline) an eine solche.*

Den Ursprung der Schuppenfrankoline halten sie für paraphyletisch, den der Wachtelfrankoline für para- oder polyphyletisch. Weiterhin kamen sie zu dem Schluss, dass das Madagaskarhuhn Margaroperdix *aufgrund seiner Skelettanatomie nur ein Frankolin sein könne.*

Milstein und Wolf (1987) wollen die Frankoline in zwei Hauptgruppen, die der Wachtel- und der Rebhuhnfrankoline, unterteilen. Zur Ersteren zählen sie die kleinen, nicht aufbaumenden Arten mit Wachtelmuster des Rücken-

gefieders und hoher melodischer Stimme, zur Letzteren die rebhuhngroßen, regelmäßig aufbaumenden Arten mit Rebhuhnmuster des Rückengefieders und lauter krächzender Stimme.

Crowe et al. (1992) wiederum bedienen sich als Mittel zur Entschlüsselung der genetischen Herkunft und des Verwandtschaftsgrades der Frankoline untereinander und mit anderen Kleinhühnern serologischer Methoden in Form phylogenetischer Analysen mitochondraler DNS sowie morphologischer und verhaltensspezifischer Vergleichsuntersuchungen. Ihre Ergebnisse besagen, dass Frankoline keine monophyletische Gruppe sein können und in vier Genera und mehrere Subgenera aufgeteilt werden sollten.

Wie schon in der Einführung erwähnt, wird in diesem Buch die Einteilung der Frankoline in verschiedene Gattungen beibehalten. Zum besseren Verständnis werden die geläufigen Synonyme der wissenschaftlichen Bezeichnungen auch mit aufgeführt.

Die Eier der Frankoline sind bei den meisten Arten dick- und hartschalig. Auf der schwarz glänzenden porigen Oberfläche weisen sie rundliche weiße Kalkflecken auf. Die Farbe ist in den meisten Fällen einfarbig cremefarben, hellbraun oder gelblich oliv. Bei einigen Arten findet man Sprenkelung, bei Sumpffrankolinen sogar Klecksfleckung. Die Kükenkleider von Frankolinen sind sich untereinander so ähnlich, dass man daraus nicht auf Verwandtschaftsverhältnisse schließen kann.

Alle Frankolinarten werden mehr oder weniger selten und sehr unregelmäßig importiert. Importe sind fast immer Wildfänge, die dem Pfleger gegenüber scheu und zurückhaltend bleiben und beim Betreten ihres Geheges oft in Panik geraten. In größeren, gut bepflanzten Volieren schreiten Paare häufig zur Brut und die in Elektrobrütern oder unter Haushennen geschlüpften Küken werden recht vertraut und brüten auch meist bereitwillig.

In den experimentierfreudigen USA werden seit einer Reihe von Jahren viele Frankolinarten im Farmbetrieb gezüchtet, um die Nachkommenschaft in geeigneten Habitaten auszuwildern. Bei einigen Arten wurden Anfangserfolge erzielt und nur wenige ließen sich bis jetzt dauerhaft einbürgern. Das ist der Fall bei Halsband-, Erckels und Graufrankolin, die fest auf der Hawaii-Inselgruppe sesshaft gemacht werden konnten.

Rotschwanzfrankoline *(Peliperdix,* syn.: *Francolinus)*

Die Gattung der Rotschwanzfrankoline umfasst vier Arten, die über Afrika südlich der Sahara in offenen Savannen, lichtem Busch, Parkwäldern und „Obstbaumsteppen“ weit verbreitet sind. Die wenig über wachtelgroßen Vögel weisen als gemeinsame Merkmale eine ockergelbe Gesichtsfärbung, das Wachtelmuster des Rückengefieders, zum Teil rotbraune Steuerfedern, kurze gelbe, bei den Hähnen gespornte Läufe, eine hohe melodische Stimme sowie die rein terrestrische Lebensweise auf. Aufgrund der Skelettmorphologie, des Gefiedermusters sowie des am wenigsten komplexen, vielmehr sehr plesiomorphen Revierrufs wird *Peliperdix coqui* von Crowe und Crowe (1985) für das ursprünglichste und wachtelähnlichste Frankolin gehalten.

Coqui-Frankolin *(Peliperdix coqui)*

syn.: *Francolinus coqui*

Das Coqui-Frankolin ist disjunkt von Süd-Mauretanien im Norden bis ins südliche Süd-Afrika verbreitet.

Von den vielen beschriebenen Unterarten erkennen Urban et al. (1986) die folgenden an:

P. c. coqui: Nordost-Südafrika, nordwärts bis Kongo (früher Zaire), Zentral- und Nordwest-Tansania, Uganda.

P. c. hubbardi: West- und Süd-Kenia vom Rifttal und den westlichen Hochländern bis zur Muansa-Provinz Tansanias und ostwärts bis Kitui.

P. c. maharao: Süd-Äthiopien; Kenia und Tansania in den Hochländern östlich des Rifttals von Marangu bis Aruscha.

P. c. spinetorum: Westafrika in vier disjunkten Arealen.

Die Geschlechter sind sehr verschieden gefärbt. Bei Hähnen der Nominatform sind Scheitel und Ohrdecken rotbraun; ein breites Überaugenband, Zügel, Wangen, Halsseiten und Nacken ockrig goldgelb; Unter-

Das Coqui-Frankolin ist in Afrika beheimatet.

und Hinterhals schwarz und weiß gebändert; Kinn und Kehle sahnegelb. Oberseite mit Wachtelmuster, Schwanz rostisabellfarben; Unterseite hellisabellfarben mit Schwarzbänderung.

Hennen haben einen graubraunen Scheitel und hellisabellfarbenes Gesicht; ein schwarz-weiß gestrichelter Augenbrauenstreifen zieht sich über die Schläfen und endet auf den Halsseiten; ein gleicher Streif verläuft vom Schnabelwinkel abwärts und umsäumt die weiße Kehle. Hals, Oberbrust und Obermantel rötlich braun mit weißer Federschäftung. Unterseite auf sahnegelbem Grund schwarz gebändert.

Die Art bewohnt eine Vielzahl grasiger Habitate, wie Steppen, Savannen, Trockenbusch, lichte Brachystegia-Parkwälder (Myombo), in Süd-Afrika Protea-Buschveld und Getreidefelder. Auf Hochplateaus kommt sie bis in 2000 m Höhe vor. In den Revieren darf Oberflächenwasser fehlen.

Während der Paarungszeit rufen die Hähne temperamentvoll und weit hörbar „terr, ink, ink, terra, terra, terra“, was an den Klang einer Kindertrompete erinnert. Vollgelege bestehen aus vier bis fünf in der Färbung sehr variablen Eiern. Mehrere Paare mit Küken vereinigen sich zu Trupps von bis zu acht Vögeln.

Schlegels Frankolin *(Peliperdix schlegelii)*

syn.: *Francolinus schlegelii*

Diese Art kommt ohne Bildung von Unterarten von Nord-Kamerun ostwärts bis zur Bar-el-Ghasal-Provinz des Sudan vor. Die Geschlechter sind nur wenig verschieden. Hähne haben einen graubraunen, rotbraun gesprenkelten Scheitel mit Übergang zu Ockergelb auf dem Nacken; Zügel und Ohrdecken graubraun, ein Überaugenband, die Kopfseiten und der Hals sind ockergelb; Oberseite rotbraun mit weißer Schäftung der Federn sowie schwacher ockriger und schwarzer Bänderung; Schwanz rotbraun, schwach schwarz gebändert; Kinn und Kehle hellockergelb, die übrige Unterseite weiß mit Schwarzbänderung und geringer kastanienbrauner Flankenfleckung. Schnabel schwarz mit gelber Basis, Beine gelb, Läufe bei den Hähnen gespornt.

Hennen sind unterseits unregelmäßiger gebändert, weisen auf dem Rücken nur wenige weiße Schaftstreifen sowie eine braune, nicht wie bei den Hähnen rotbraune Rückenfärbung auf.

Schlegels Frankolin ist mit dem Coqui-Frankolin allopatrisch, in seinem Verbreitungsareal im Allgemeinen nicht häufig und tritt vielerorts selten oder nur lokal auf. Er ist ein Bewohner der nördlichen Guinea-Feuchtsavanne und scheint insbesondere an das Vorhandensein des Ka-Baums *(Isoberlinia doka)* und hohes Bartgras *(Andropogon)* gebunden zu sein.

Der einer Kindertrompete ähnliche Revierruf „ter-ink, terrrra“ ist von dem des nahe verwandten *P. coqui* nur durch tiefere Tonlage und viel schnellere Tonabfolge unterscheidbar. Vollgelege bestehen aus zwei bis fünf cremefarbenen Eiern.

Außerhalb der Brutzeit trifft man die sehr scheue Art (Kulturflüchter) in Familien und gemischten Trupps zusammen mit anderen Frankolinarten an.

Weißkehlfrankolin *(Peliperdix albogularis)*

syn.: *Francolinus albogularis*

Diese dritte Art der Rotschwanzgruppe ist in drei disjunkten Arealen Senegal bis Nord-Kamerun, Südost-Kongo (früher Zaire), West-Sambia und Ost-Angola anzutreffen.

Drei Unterarten sind anerkannt:

P. a. albogularis: Senegambien

P. a. buckleyi: Ost-Elfenbeinküste bis Kamerun.

P. a. dewittei: Südost-Kongo (früher Zaire), Ost-Angola, Nordwest-Sambia.

Bei Hähnen der Nominatform sind Stirn und Scheitel grau mit rotbrauner Klecksfleckung; Zügel und ein Überaugenband weiß, die Ohrdecken grau; ein Unteraugenbezirk und der Seitenhals dunkelockergelb; Oberseite braungrau, auf den Flügeldecken kastanienbraun verwaschen, die Federn cremeweiß geschäftet und schwach rötlich ockergelb gebändert; Schwanz mit rotbraunen Seitenfedern. Kinn und Kehle weiß, die übrige Unterseite ockergelb, auf Brust und Flanken mit wenigen rotbraunen Längsstreifen. Bei Hennen sind Brust und Flanken zart schwarzweiß gebändert.

Die Art bewohnt offene Savannen, offenes, mit Busch lückenhaft bewachsenes Hügelland und Sekundärbusch auf verlassenen Feldern. Die Stimme der Hähne ist der von *P. coqui* recht ähnlich, die Kindertrompetenstrophe wird nur schneller ausgestoßen. Vollgelege bestehen aus vier bis sieben ockergelben bis hellbraunen, dunkler braun gesprenkelten Eiern.

Gelbfuß- oder Latham-Waldfrankolin *(Peliperdix lathami)*

syn.: *Francolinus lathami*

Diese Art ist ein kleines waldbewohnendes Frankolin. Es wird von Hall (1963) aufgrund einiger ähnlicher Gefiedermerkmale unter starkem Vorbehalt in die Nachbarschaft der Rotschwanzgruppe gestellt. Vermutlich werden spätere Untersuchungen zeigen, dass dies keinesfalls zutrifft. Die Art bewohnt Sierra Leone südwärts bis zum nördlichen Ufer der Kongomündung, Äquatorialafrika ostwärts bis zum Südwest-Sudan sowie Uganda.

Zwei Unterarten werden unterschieden:

P. l. lathami: Sierra Leone bis Gabun und zur Kongomündung (Cabinda) und Nordwest-Kongo (früher Zaire).

P. l. schubotzi: Nordost-Kongo (früher Zaire) bis zum Südwest-Sudan (Zande-Distrikt) sowie Uganda (Mabiru- und Kifuwald).

Die Geschlechter sind verschieden gefärbt. Bei Hähnen ist der Oberkopf dunkelolivbraun mit einem weißen Überaugenband, das weiter bis zum Nacken reicht; darunter ein schwarzes Band vom Zügel zum Nacken; ein großer weißer Bezirk nimmt Wangen, Ohrdecken und den Seitenhals ein. Hals-, Brust- und Bauchfedern mit herzförmigem weißem Mittelfleck und breiter Schwarzsäumung, ein Schuppenmuster bildend. Mantel-, Vorderrücken- und Flügelfedern kastanienbraun mit schmaler weißer Schäftung; Federn des Hinterrückens, Bürzels und der Oberschwanzdecken dunkeloliv-braun mit schwärzlicher Säumung. Schnabel dunkelhornfarben, Augenlid grünlich, Beine kadmiumgelb, Läufe beim Hahn gespornt.

Hennen unterscheiden sich von den Hähnen durch die olivbraune Färbung des Scheitels und der Oberseite, deren Federn Weißkomponenten fehlen und die zart braunockrig und schwarz gebändert sind. Viele Schulterfedern und Flügeldeckfedern weisen schwarze Klecksung auf, während die Kropf- und Brustfedern braun gesäumt sind. Sporenrudimente an den Läufen sind vorhanden. Habitate der Art sind Primärwälder, gelegentlich dichte Sekundärwälder der Ebenen, in Uganda auch Bergland bis in Höhen von 1400 m.

Die Stimme der Hähne ist taubenartig gurrend, wozu noch lange Serien hoher Pfiffe kommen. Gelege aus zwei bis drei einfarbigen Eiern wurden in Mulden großer Baumstümpfe gefunden.

Graufrankoline *(Ortygornis, syn.: Francolinus)*

Die kleinsten Vertreter der asiatischen Frankoline sind die Graufrankoline von Südost-Iran, dem vorderindischen Subkontinent nebst Sri Lanka. Vorkommen in Nord-Oman gehen auf Einbürgerungen zurück.

Graufrankolin *(Ortygornis pondicerianus)*

syn.: *Francolinus pondicerianus*

Die einzige Art der Gattung, das Graufrankolin, ist ein ausgeprägter Trockenlandbewohner, worauf schon die grauen, isabellfarbenen und braunen Töne des Gefieders hindeuten. Der Schnabel ist kräftig, die Läufe sind bei Hähnen mit Doppelsporen bewehrt. Die Geschlechter sind wenig verschieden gefärbt. Laut Hall (1963) könnten die Graufrankoline näher mit den afrikanischen Rotschwanzfrankolinen *(Peliperdix)* und unter diesen dem Coqui-Frankolin, ferner auch mit den Haubenfrankolinen *(Dendroperdix)* verwandt sein. Doch sind dies nur Mutmaßungen.

Das Graufrankolin ist das kleinste asiatische Frankolin.

Drei Unterarten werden unterschieden:

O. p. pondicerianus: Süd-Indien südlich von *interpositus*, Sri Lanka (Westküste).

O. p. mecranensis: Südost-Iran, Süd-Pakistan, im Sind fließend in die folgende Unterart übergehend.

O. p. interpositus: Nordwest-Indien, Pakistan vom Sind bis West-Bengalen, südwärts zum Dekkan-Plateau und dem Godaveryfluss.

Die Färbungsunterschiede der Unterarten des Graufrankolins sind innerhalb seines großen Verbreitungsgebietes gering und liegen ganz im klinalen Rahmen. So sind die Populationen der Trockengebiete des Iran und Belutschistans am grauesten und hellsten, die Süd-Indiens am dunkelsten, die Nord-und Zentral-Indiens intermediär gefärbt.

Die Geschlechter der Unterarten sind gleich gefärbt, Hennen sind deutlich kleiner als Hähne. Stirn und Oberzügel sind rostrot, die Federn von Oberkopf und Hals braungrau mit dunkelbrauner Schäftung. Nacken und Halsseiten weißlich, schmal dunkelbraun gebändert; Vorderrücken, Schultern, Flügeldecken dunkelrotbraun, die Federn mit rahmfarbenen, zarten, schwarz eingefassten Querbinden und Schäften ausgestattet; Bürzel, Oberschwanzdecken braungrau, schwarz punktiert, die Federn mit je zwei rahmgelben, schwarz eingefassten Binden, die mittleren Schwanzfedern ebenso, die seitlichen kastanienbraun mit schwarzen Enden. Über dem Auge ein gelblich weißes Band, das über die Ohrdecken hinweg bis zum Nacken zieht; Kopfseiten hellrostgelb, der untere Zügel rahmfarben; Kehle weißlich, von einem schwarzen Fleckenband umsäumt; übrige Unterseite isabellweiß, schmal schwarz quer gewellt, auf den Flanken einzelne rotbraune Striche. Schnabel bleigrau, Beine trübrot.

Habitate der Art sind Xerophyten-Trockenbusch, offene Steppen und trockenes Kulturland, besonders in der Nachbarschaft von Dörfern. Zur Nachtruhe können die Graufrankoline aufbaumen, aber auch unter Büschen auf dem Erdboden ruhen. Oberflächenwasser ist zur Deckung des Flüssigkeitshaushalts offenbar nicht unbedingt notwendig. Morgentau, sukkulente Pflanzenteile und Insekten reichen scheinbar dafür aus.

Der laute Ruf der Hähne, ein wie „kii-ka-ko-kii-ka-ko" klingendes rollendes Gackern, ist eine charakteristische Vogelstimme der indischen Dorflandschaft. Vollgelege bestehen aus vier bis acht weißen bis hellbräunlichen hartschaligen Eiern, aus denen nach 18- bis 19-tägiger Erbrütung die Küken schlüpfen.

Graufrankoline werden selten nach Europa importiert und finden wegen ihres unscheinbaren Aussehens wenig Käufer. Als Jagdwild hat die Art dagegen erhebliche Bedeutung und ist zu diesem Zweck häufig mit Erfolg auf Inseln wie Hawaii und Réunion, ferner in Süd-Arabien eingebürgert worden. In Indien werden die kampflustigen Hähne gern zu Hahnenkämpfen verwendet.

Haubenfrankoline *(Dendroperdix, syn.: Francolinus)*

Monotypisch ist die Gattung der Haubenfrankoline.

Haubenfrankolin *(Dendroperdix sephaena)*

syn.: *Francolinus sephaena*

Diese Art ist zu finden in Nordost-Afrika bis Süd-Angola, Namibia, Transvaal und Mosambik. Typisch sind etwas verlängerte, bei Erregung aufgerichtete Scheitelfedern, die rudimentäre Augenwachshaut, ein schwarzer Schnabel, ein verlängerter Schwanz, rote, bei den Hähnen gespornte Läufe und ein schwach ausgebildeter Geschlechtsdimorphismus. Haubenfrankoline legen dickschalige Eier, besitzen eine krächzende Stimme und baumen gern und häufig auf.

Nach Crowe et al. (1992) ist diese Art vom morphologisch-verhaltensmäßigen Gesichtspunkt her gesehen das Wachtel- und Rebhuhnfrankoline verbindende Schlüssel-Täon: Schnabel und Gefiederfärbung stellen es zu den Wachtelfrankolinen, die roten Tarsi und das Aufbaumen zu den Rebhuhnfrankolinen. Zudem

Beim Haubenfrankolin ist der Geschlechtsdimorphismus nur schwach ausgeprägt.

kamen Cannell und Crowe (bei Crowe und Crowe, 1985) zu dem vorläufigen Resultat, dass der Bau der Syrinx von *D. sephaena* anatomisch sowohl Eigenarten der Rotflügel- als auch der Nacktkehlfrankolingruppe in sich vereinige.

Folgende Unterarten werden unterschieden:

D. s. sephaena: Südost-Simbabwe, Südost-Botswana, Süd-Mosambik bis Ost-Swasiland und der Nordosten von Süd-Afrika in Transvaal und Zululand.

D. s. zambesiae: Westliches Zentral-Mosambik, Zentral- und Südwest-Malawi, Süd-Sambia, Nord-Simbabwe, Nordwest-Namibia, Süd-Angola (Huila).

D. s. grantii: Nord- und Ost-Äthiopien, Süd-Sudan, Uganda, Kenia mit Ausnahme der Küstenregion, Nordost-Kongo (früher Zaire), nördliches Zentral-Tansania.

D. s. rovuma: Küstengebiet Kenias und Tansanias, Süd-Malawi, Nord-Mosambik.

D. s. spilogaster: Ost-Äthiopien, Somalia, Nord-Kenia.

Haubenfrankoline kommen in zwei Farbmorphen vor, die im Verbreitungsgebiet der Art teils nebeneinander leben, sich teils aber auch wie Vertreter selbstständiger Arten verhalten, was die Systematik außerordentlich kompliziert. Die Sephaena-Morphe ist durch die zart dunkel gebänderte Bauchregion, die Rovuma-Morphe durch tropfenförmige, kastanienbraune Bauchstreifung gekennzeichnet.

Bei Hähnen der Sephaena-Morphe sind Scheitel und Nacken schwarz-braun mit ockergelber Federsäumung; die Stirn, ein Scheitelsaum sowie ein durchs Auge und über die Ohrdecken zum Nacken ziehendes, schmales Band schwarz; Letzteres umsäumt beidseitig ein breites weißes Überaugenband, das bis in den Nacken zieht; ein weiteres schwarzes Band zieht vom Schnabelwinkel unterhalb des Auges als Bartstreif den Seitenhals hinunter, die cremeweiße Kinn- und Kehlregion umsäumend; Ohrdecken ockerrötlich. Hals und Kropf weiß mit dichter, dunkelbrauner Dreiecksfleckung; Oberseite mit Wachtelmusterung, der Bauch auf blassgelbbräunlichem Grund zart dunkel gewellt und besonders auf den Flanken mit cremefarbenen lanzettförmigen Schaftstreifen ausgestattet. Hennen sind etwas kleiner, unterseits stärker wellengebändert. Schnabel schwarz, die Läufe karminrot.

Bei Vögeln der Rovuma-Morphe weist das Bauchgefieder ovale rotbraune Fleckung auf. Sie wird im Wesentlichen bei den Unterarten *rovuma* und *spilogaster* gefunden. Im Shiretal Süd-Malawis leben beide Morphen nebeneinander, ohne zu hybridisieren; in Nord-Tansania wiederum ist eine terrainmäßige Trennung beider zu beobachten: Vögel vom Rovuma-Typ bewohnen die Küstenebene, solche vom Sephaena-Typ dagegen das Landesinnere in Höhen über 460 m. Weiter nördlich, etwa ab der Keniagrenze, leben beide Morphe weder geografisch noch morphologisch getrennt nebeneinander.

Anders verhält es sich in West-Kenia, Süd-Äthiopien und Somalia, wo beide Morphe nebst Hybriden nebeneinander vorkommen. In Nord-Somalia (ehemals Britisch Somaliland) überwiegt in Küstennähe die Rovuma-Morphe, im Hochland dagegen sind beide vertreten. Dort kommt die Rovuma-Morphe in Nordost-Äthiopien etwa bis zur Stadt Harrar vor. Hall (1963) nimmt von dort eine Hybridpopulation an. Die Lösung dieses verwirrenden Puzzles glaubt Hall in den mehrfachen Klimaveränderungen Afrikas mit Feucht- und Trockenperioden während des Pleistozäns (vor 1,8 Millionen bis 10.000 Jahren) gefunden zu haben. Danach hätte sich das ursprüngliche Verbreitungsareal des *D. sephaena* kontinuierlich von Somalia bis Angola erstreckt und wäre durch eine während einer Feuchtperiode entstandene Waldbarriere in zwei Blöcke getrennt worden. Im Norden hätte sich die Rovuma-Morphe, im Süden die Sephaena-Morphe entwickelt. Nach dem Schwinden der Waldbarriere während einer Trockenperiode stießen Vertreter der Rovuma-Morphe entlang der Küstenzone südwärts, solche der Sephaena-Morphe von Süden her im Inland nordwärts vor. In Äthiopien begegneten sie sich und hybridisierten, was im Süden nicht der Fall war. Welcher Mechanismus ein Hybridisieren bei sympatrischem Vorkommen von zwei Farbmorphen in einigen Gebieten ausschließt, in anderen jedoch nicht, bleibt noch ungeklärt.

Haubenfrankoline bewohnen eine Vielzahl von Habitaten wie Akazien-Savanne, Waldränder, lichte Wälder mit sparsamem Grasunterbewuchs, in Angola auch dichten Busch. In trockenen Teilen des Verbreitungsgebietes sind die Vögel auf Pflanzenwuchs entlang von Wasserläufen beschränkt, denn Tränkstellen sind ihnen lebensnotwendig. In Äthiopien trifft man sie noch in 2200 m Höhe in Wacholderwäldern an.

Der Revierruf der Hähne kann als einigermaßen musikalisch angesehen werden. Bei Gefahr flüchten die Vögel mit langem Hals, ausgerichteter Holle und erhobenem Schwanz. Mittags und nachts sowie bei Gefahr von Bodenfeinden baumen Haubenfrankoline stets auf.

Die Art wurde erstmalig 1922 in England gezüchtet und mehrfach importiert.

Rotflügelfrankoline *(Scleroptila,* syn.: *Francolinus)*

Sieben sich recht ähnelnde Frankolinarten Süd-, Ost- und Nordost-Afrikas werden in der Gruppe der Rotflügelfrankoline zusammengefasst. Es sind etwas über rebhuhngroße Hühnervögel, deren Rückengefieder dem Wachtelmuster entspricht und deren Handschwingen nebst Unterflügeldecken ganz oder partiell rotbraun gefärbt sind. Die Unterseite ist je nach Art unterschiedlich gefärbt. Alle Arten haben einen schwarzen Schnabel mit gelber Basis und ziemlich kurze, gelbe, bei den Hähnen gespornte Läufe. Die Geschlechter sind nicht oder wenig verschieden gefärbt.

Rotflügelfrankoline baumen nicht auf und übernachten stets auf dem Erdboden. Die Gesangstrophen der Hähne sind melodisch und angenehm. Alle Arten bewohnen mehr oder weniger offene Landschaftstypen und weichen dort, wo mehrere Arten der Gattung sympatrisch sind, auf andere Höhenlagen aus.

Kragenfrankolin *(Scleroptila streptophora)*

syn.: *Francolinus streptophorus*

Ein Frankolin, das von Hall (1963) zu den Schopffrankolinen gezählt, von Crowe und Crowe (1985) aufgrund mehrerer Merkmale, wie Gelbfüßigkeit, melodischer Stimme und strikt terrestrischer Lebensweise der Rotflügelgruppe zugeordnet wurde, ist das Kragenfrankolin. Die Art bewohnt ohne Bildung von Unterarten vier disjunkte Areale, deren größtes Nord-Uganda umfasst. Kleinere liegen in West-Kenia (Mt. Elgon), Nordwest-Tansania (Kibondo, Kasulu), dazu in Westafrika im Hochland Kameruns (Foumban-Distrikt).

Die Geschlechter sind wenig verschieden gefärbt. Bei Hähnen ist der Oberkopf dunkelgraubraun. Ein breites weißes Überaugenband reicht bis zum Nacken; dieser sowie Kopfseiten und Hals sind rotbraun, Kinn und Kehle weiß; Obermantel und Brust schwarzweiß gebändert, einen breiten Kragen bildend; Oberseite graubraun, die Federn mit schwärzlichen Zentren und schmalen isabellfarbenen Schaftstreifen; Handschwingen einfarbig braungrau. Unterseite hellockergelb, auf Seiten und Flanken dunkelbraun längs gestreift. An den gelben Läufen sind Sporen nur angedeutet.

Bei Hennen weist der dunkelbraune Oberkopf hellere Federsäume auf, die Federn der Oberseite sind braun mit rötlich orangefarbener Bänderung und breiteren hellen Federschäften als bei Hähnen.

Habitate der Art sind baumbestandene Steppen und schütter mit Gras bewachsene, felsige Hänge in Höhen von 600 bis 1800 m, in Kamerun felsiges Grasland in 1050 bis 2000 m Höhe. Der Revierruf besteht aus zwei weichen, taubenartigen Gurrlauten. Dem ersten in tiefer Tonlage ausgestoßenen folgt ein pfeifender Triller. Die Nächte verbringen die Vögel auf dem Erdboden. Vollgelege bestehen aus vier bis fünf grauisabellfarbenen Eiern mit heller Porung.

Bergheidefrankolin *(Scleroptila psilolaema)*

syn.: *Francolinus psilolaemus*

Die Bergmassive Ostafrikas bewohnt das Bergheidefrankolin und ist dort mit vier Unterarten vertreten:

S. p. psilolaema: Zentral-Äthiopien.
S. p. ellenbecki: Süd-Äthiopien.
S. p. elgonensis: Mt. Elgon (Kenia-Ugandagrenze).
S. p. theresae: Mt. Kenia, Aberdares, Mt. Mau.

Bei der Nominatform sind Stirn- und Scheitelfedern dunkelbraun mit rostbrauner Säumung, Bänderung und Streifung, wodurch ein Sprenkelmuster entsteht. Ein ockergelbes Überaugenband wird hinter dem Auge und über den dunkelbraunen Ohrdecken von zwei kurzen schwarzen Streifen durchzogen und läuft, sich verbreiternd, den Seitenhals hinunter, dabei die weiße, dunkelbraun gesprenkelte Kinn- und Kehlregion säumend. Wangen ockergelb, ein schmaler Bartstreif schwarz; Hinterhals hellocker und schwarz gesprenkelt. Oberseite mit Wachtelmuster; Hand- und äußere Armschwingen rotbraun mit graubraunen Federenden; Oberbrust rötlich isabellfarben mit braunschwarzer, V-förmiger Fleckung; Unterbrust, Flanken und Bauch isabellgelb mit rotbrauner Fleckung und zarter schwarzer Bänderung.

Die Art bewohnt Bergheidegebiete, Bergmoore und Graswiesen in 1800 bis 4000 m Höhe. In Äthiopien ist sie mit *S. levaillantoides*, in Kenia mit *S. levaillantii* sympatrisch, in Ostafrika durch unterschiedliche Habitate von *S. shelleyi* getrennt. Hall (1963) glaubt, dass *S. psilolaema* sich von *S.-shelleyi*-Ahnen herleiten lässt, die sich während einer Wärmezeit auf die Keniaberge zurückzogen und dort zu einer selbstständigen Art wurden.

In seiner unwirtlichen Gebirgsheimat wird das Bergheidefrankolin paarweise und in Familientrupps angetroffen. Der Revierruf der Hähne soll von Shelleys Frankolin kaum unterscheidbar sein. Die Vögel ernähren sich größtenteils von saftigen Bulben einiger Gräser, werden aber im Übrigen Allesfresser sein. Vollgelege enthalten fünf Eier.

Shelleys Frankolin *(Scleroptila shelleyi)*

syn.: *Francolinus shelleyi*

Eine ausgesprochen disjunkte Verbreitung in weiten Gebieten Ost- und Südafrikas weist Shelleys Frankolin auf, von dem vier Unterarten unterschieden werden:

S. s. shelleyi: Uganda (Süd-Ankole), Zentral-Tansania, südwärts bis Natal.

S. s. uluensis: Zentral-Kenia, Tansania im Hochland bis zum Kilimandscharo und Nord-Pare-Gebirge.

S. s. macarthuri: Chyulu Hills (Süd-Kenia).

S. s. whytei: Südost-Kongo (früher Zaire), Sambia, Nord-Malawi.

Bei der Nominatform sind Oberkopf- und Nackengefieder dunkelbraun mit blassbräunlichen Federsäumen; Zügel, Überaugenband, Ohrdecken, Wangen und Seitenhals rahmweiß bis hellockergelb; am Kopf zwei schwarzweiße Bänder, von denen das obere von der Oberschnabelbasis über Augen und Ohrdecken läuft und dann den Seitenhals herabzieht; das untere Band zieht vom Schnabelwinkel über die Bartregion und dann den vorderen Seitenhals abwärts und umrundet ihn, dabei das Weiß und Kehle säumend; Hinterhals rotbraun mit schwarzen Federspitzen, die Oberseite wachtelfarben, die Handschwingen dunkelzimtbraun. Kropf und Flanken grob rotbraun gefleckt, die übrige Unterseite schwarz und weiß gebändert.

Das Shelleys Frankolin bewohnt ganz unterschiedliche Lebensräume.

Die Habitate der Art sind recht vielseitig. In Ostafrika umfassen sie Gebirgswiesen und bei gleichzeitigem Vorkommen von *S. psilolaema* die Zone unterhalb der Bergwälder, in Südafrika steinige Kurzgrassteppen der Ebenen und Gebirge, bei gleichzeitigem Vorkommen von *S. africana* und *S. levaillantii* Gebiete unterhalb des Lebensraumes dieser verwandten Arten. Gern werden wasserreiche Pflanzenteile wie Zwiebeln, Knollen und saftige Wurzeln mit dem robusten Schnabel ausgegraben.

Vollgelege enthalten vier bis sieben hellrosa, mit wenigen dunklen Pünktchen bedeckte Eier, aus denen nach 22-tägiger Erbrütung die Küken schlüpfen. Die Hähne rufen besonders während der Morgen- und Abendstunden laut sieben- bis achtmal „I'll drink your beer!", ähnlich dem Ruf von *levaillantii* und *levaillantoides*, nur werden die letzten beiden Silben stärker betont, sind höher und lauter, auch wird die Strophe langsamer gebracht.

Grauflügelfrankolin *(Scleroptila africana)*

syn.: *Francolinus africanus*

Eine für Südafrika endemische Art ist das Grauflügelfrankolin der Kap-Provinz, des südwestlichen und östlichen Oranjefreistaats, Lesothos, Südost-Transvaals und des Natalhochlandes.

Bei ihm ist der Scheitel dunkelbraun mit ockergelber Sprenkelung. Ein breites Überaugenband ist isabellgelb; von der Schnabelwurzel zieht ein weiteres hellrostbraunes Band über die Wangen den Seitenhals abwärts, um sich auf dem Vorderhals zu einem breiten Medaillon zu erweitern. Auf dem Seitenhals wird es beiderseits von einem zart schwarzweiß gesprenkelten Band gesäumt. Kinn und Kehle sind weiß; Oberseite wachtelfarben, die Unterflügeldecken partiell rotbraun, die Handschwingen grauockerfarben. Unterseite vom Halsmedaillon abwärts auf ockerfarbenem Grund dicht schwarzbraun gefleckt und gepunktet, die Seiten und Flankenfedern mit groben rotbraunen Bändern und isabellfarbenen Schäften.

Die Art bewohnt grasbewachsene Berge in Höhen zwischen 1800 und 2750 m, wird im südwestlichen Kapland aber auch auf steinigem Gelände in Meereshöhe angetroffen. In Natal, wo zwei weitere Arten der Gattung mit dem Grauflügelfrankolin sympatrisch sind, bewohnt dieses Höhen oberhalb 1830 m, während *S. shelleyi* unterhalb 600 m und *S. levaillantii* im dazwischen liegenden Gebiet anzutreffen sind.

Die Stimme der Hähne ist ein schnell ausgestoßenes „chi-chi-chi-chii-chiu-chi-chi", dem mit Unterbrechungen doppelsilbige „Chi-chius" folgen. Vollgelege enthalten drei bis acht, gewöhnlich aber fünf gelbliche, zart gesprenkelte Eier. Wie das Rotflügelfrankolin ist auch der Grauflügel ein Wurzelgräber, allerdings nicht in ganz so ausgeprägter Weise. Trupps aus bis zu 25 Vögeln halten sich bevorzugt auf vorjährig abgebranntem Grasland auf.

Rebhuhnfrankolin *(Scleroptila levaillantoides)*

syn.: *Francolinus levaillantoides*

Das Rebhuhnfrankolin bewohnt in zwei geografisch weit auseinanderliegenden Unterartenblöcken den Nordosten und Süden Afrikas.

Folgende Unterarten werden anerkannt:

S. l. levaillantoides: Süd-Angola, Nord- und Mittel-Namibia, Süd- und Ost-Botswana, Südafrikanische Union im Oranjefreistaat, Transvaal, Lesotho und der nördlichen Kap-Provinz.

S. l. gutturalis: Eritrea, Nord-Äthiopien.

S. l. lorti: Nord-Somalia, das Rifttal Äthiopiens und südwärts die südöstlichen Hochländer bis zur Kenia-Grenze, äußerster Südosten Sudan und Nordost-Uganda (Kidepo).

Die aus dem südlichen Afrika beschriebenen Unterarten *(jugularis, kunenensins, stresemanni, pallidior, kalaharica)* können als geografische Farbvarianten innerhalb eines zusammenhängenden klinalen Verbreitungsareals angesehen werden.

Bei der Nominatform ist das Oberkopfgefieder ockergelb mit schwarzen Federzentren. Zwischen Oberkopf und einem weißen Überaugenband ein schmales schwarzweißes Saumband, das den hinteren Seitenhals herabzieht, um auf dem unteren Seitenhals als breiter Fleck zu enden. Ein weiteres gleichfarbiges Band verläuft von der Schnabelbasis, sich verbreiternd, den vorderen Seitenhals hinunter und quer über den Vorderhals auf die andere Körperseite, die weiße Kehlregion säumend. Die Wangen und der Seitenhals zwischen den beiden schwarzweißen Bändern ockergelb bis ockerbraun. Oberseite wachtelfarben, die Handschwingen rotbraun mit graubraunen Federenden; Unterseite ockergelb, die Oberbrust- und Flankenfedern mit kastanienbraunen Längsstreifen.

Ein Bindeglied zwischen *S. levaillantoides* und *S. psilolaemus* scheint die isoliert in Höhen über 1820 m in Eritrea und Nord-Äthiopien lebende Unterart *S. l. gutturalis* zu bilden. Bei ihr ist das Weiß von Kinn und Kehle dicht dunkelbraun gesprenkelt, das Kopf- und Halsmuster ist nur undeutlich ausgebildet, der Bauch weist breite schwarze Streifung der Federzentren bei weißer Federschäftung auf und die Flanken sind breit kastanienbraun gestreift. Doch scheinen diese Vögel insgesamt farblich und in der Gefiedermusterung der Unterseite *levaillantoides* näher zu stehen als *psilolaema*. Man könnte diese Population vielleicht auch als selbstständige Art auffassen.

Das Rebhuhnfrankolin bewohnt zahlreiche Habitate wie baumlose Steppen, schütter bewaldetes Grasland, Akaziensteppen und grasige, felsdurchsetzte Steilhänge, meidet auch Kulturland nicht. Die Stimme der Hähne ähnelt der von *S. shelleyi* („I'll drink your beer!"), wird nur schneller, manchmal in offensichtlicher Erregung mit Betonung der dritten Silbe ausgestoßen.

Vollgelege umfassen fünf bis acht gelbbraune, schwach gesprenkelte Eier. Außerhalb der Brutzeit leben die Vögel in Trupps von bis zu zwölf Tieren zusammen. Bei Verfolgung verstecken sich diese Frankoline gern in Erdferkel- und Warzenschweinhöhlen.

Rotflügelfrankolin *(Scleroptila levaillantii)*

syn.: ***Francolinus levaillantii***

Das Rotflügelfrankolin bewohnt in mindestens sieben weit voneinander getrennten Arealen große Teile Ost- und Südafrikas.

Es sind drei Unterarten anerkannt:

S. z. levaillantii: Transvaal, Natal, Kap-Provinz.

S. l. kikuyuensis: Uganda, Kenia; südwärts bis nach Angola und Sambia.

S. l. crawshayi: Nord-Malawi.

Die Nominatform hat braune Scheitelfedern mit dunkleren Zentren. Der Scheitel wird an den Seiten von einem schmalen schwarzweiß gesprenkelten Band umsäumt; Kopfseiten, Hinterhals und Nacken hellrostgelb. Ein schmales schwarzweißes Band verläuft von der Schnabelspalte unterhalb der Augen und der braunen Ohrdecken die Halsseiten abwärts, um dann in ein breites schwarzweißes Vorderhalsmedaillon überzugehen. Ein zweites Band gleicher Farbe umrundet Hinterhals und Nacken. Kinn und Kehle sind weiß; Oberseite mit Wachtelmuster, die Handschwingen hellkastanienbraun mit schwärzlichen Federenden. Unterseite von der Brust zum Bauch ockergelb mit grober rostbrauner Längsstreifung auf Brust und Flanken.

Habitate der Art sind Feuchtwiesen auf Hochplateaus in Höhen zwischen 1800 und 3000 m sowie Steilhänge windgeschützter Täler, im südlichen Kapland auch steiniges Küstengrasland. Wo sie wie in Natal mit dem Grauflügelfrankolin sympatrisch ist, bewohnt sie niedrigere Lagen. Der lange, robuste Schnabel ist eine Anpassung an den Nahrungserwerb und dient zum Graben nach Zwiebeln, Knollen und fleischigen Wurzeln. Das Rotflügelfrankolin benötigt etwa zweimal so viel Futter wie das Grauflügelfrankolin, was vermutlich mit dem geringeren Nährwert der genannten Nahrung zusammenhängt. Zu deren Verwertung ist deshalb wohl auch der Darmtrakt länger als beim Grauflügelfrankolin.

Der Reviergesang scheint wenigstens teilweise antiphonal, also ein Wechselgesang zwischen den Partnern zu sein. Von Südafrikas Jägern wird er mit dem Satz „I'll drink your beer, Bill!" übersetzt.

Vollgelege bestehen aus drei bis acht braungelben, dunkelbraun gefleckten Eiern. Das Rotflügelfrankolin ist kein Kulturfolger und gegenüber jeder Art von Habitatveränderungen empfindlich.

Finschs Frankolin *(Scleroptila finschi)*

syn.: ***Francolinus finschi***

Finschs Frankolin bewohnt drei disjunkte Gebiete, von denen das größte Angola von Cuanza Norte und Süd-Malanje bis Nord-Huila umfasst und je ein kleines Vorkommen im Gebiet von Brazzaville (Kongo) sowie im Gungu-Distrikt Süd-Kongo (früher Zaire) liegt. Unterarten sind nicht beschrieben worden.

Oberkopf, Nacken und Hinterhals sind braungrau, die Federn mit helleren Säumen; Kopf, Vorder- und Seitenhals fuchsrot, Kinn und Kehle weiß; Oberseite mit Wachtelmuster; äußere Arm- und die Handschwingen kastanienrot; Oberbrust braungrau, ockergelb gesprenkelt und gebändert; Unterbrust und Oberbauch ockergelb mit dichter, kastanienbrauner Fleckung; Mittel- und Unterbauch braungrau. Ähnlichkeiten in der Gefiederfärbung lassen nach Urban et al. (1986) eine enge Verwandtschaft mit Levaillants Frankolin annehmen.

Habitate der Art sind Grassteppen in der Nachbarschaft von Galeriewäldern, Baumsavannen und Brachystegiawald, im Bailundu-Hochland Angolas auch vegetationsarme Hänge über der Baumgrenze. Laut Hall (1963) stimmt die Niederschlagsmenge von über 1250 mm im angolanischen Verbreitungsareal ganz mit der der beiden anderen Vorkommen im Kongo überein. Hähne rufen besonders vor Sonnenuntergang laut „wit-u-wit". Vollgelege enthalten fünf einfarbig hellbraune Eier.

Wellenfrankoline *(Chaetopus,* syn.: *Francolinus)*

Die Wellenfrankoline weisen von allen afrikanischen Frankolin-Gattungen die weiteste Verbreitung auf und bewohnen Buschsteppen, Akaziensavannen und Parkwälder. Die acht in diesem Genus vereinten Arten lassen sich wiederum in zwei Gruppen einteilen, von denen die nördliche die Arten *C. bicalcaratus, C. icterorhynchus, C. clappertoni* und *C. harwoodi,* die südliche *C. hildebrandti, C. natalensis, C. capensis* und *C. adspersus* umfasst. Gemeinsamkeiten der genannten Arten sind nach Hall die graubraune oder braune Kopf-, Rücken-, Flügel- und Schwanzfärbung mit hellerer zarter Wellenbänderung und U- oder V-förmiger Musterung der Federn, wozu bisweilen noch orangerötliche Sprenkelung kommt. Die Zügelbefiederung ist schwarz oder schwärzlich; die nördlichen Arten zeichnen sich durch ein weißes Überaugenband aus. Das Gefieder der Unterseite ist auf weißem bis cremefarbenem Grund dunkelbraun, rotbraun oder kastanienbraun gemustert. Schnabel- und Beinfärbung sind bei der Nordgruppe gelb, bei der Südgruppe rot.

Farbe und Ausdehnung einer nackten Gesichtshaut in der Augenumgebung sind variabel. Sexualdimorphismus ist nur bei *C. hildebrandti* stark ausgeprägt. Die Hähne aller Arten tragen Doppelsporen.

Doppelspornfrankolin *(Chaetopus bicalcaratus)*

syn.: *Francolinus bicalcaratus*

Eines der weitverbreitetsten und häufigsten Frankoline Westafrikas nördlich des Äquators ist das Doppelspornfrankolin Senegambiens südwärts bis Kamerun mit einer nördlichen isolierten Reliktpopulation in West-Marokko.

Die Unterschiede der aufgestellten Unterarten liegen im klinalen Bereich:

C. b. bicalcaratus: Senegambien bis Niger und Nord-Nigeria.
C. b. ayesha: West-Marokko.
C. b. thornei: Sierra Leone bis Benin.
C. b. adamauae: Nord-Nigeria, Kamerun.
C. b. ogilviegranti: Hochland von Kamerun.

Die Geschlechter sind gleich gefärbt. Bei der Nominatform sind die Stirn und ein Superziliarband, das den rotbraunen Scheitel von einem breiten weißen Überaugenband trennt, schwarz; ein schmaler schwarzer Zügelstreif zieht durch die Augen bis über die braunen Ohrdecken; Gesicht weiß mit zarter Schwarztüpfelung, Kinn und Kehle cremeweiß; Hinterhals rotbraun; Oberseite graubraun, die Federn mit undeutlicher schwarzer Wellenbänderung und schmaler, innen schwarzer, außen weißer Säumung. Die kompliziert gemusterten Federn der Unterseite haben rotbraune Seitensäume und gelblich weiße Zentren, in denen wiederum große, längliche bis ringförmige schwarze Flecke ihrerseits mit weiß und schwarz gemusterten, herz- und winkelförmigen Innenzeichnungen versehen sind. Der Schnabel, eine schmale Augenwachshaut und die Beine sind grünlich gelb, die Läufe der Hähne mit zwei Sporen bewehrt.

Die sehr anpassungsfähige Art besiedelt eine breite Palette von Habitaten wie Feucht- und Trockensavannen, Isoberlinia-Parkwälder, dichtes Ufergestrüpp von Flüssen ebenso wie deckungsreiches Kulturland aller Art. In Gebieten mit dauernd vorhandenem Oberflächenwasser kann zu allen Jahreszeiten gebrütet werden. Von erhöhten Punkten aus lassen die Revierhähne ihre laute, rau-kratzende Strophe ertönen, die bei den verschiedenen Hähnen einer Region sehr variabel ist und mit „ke-rak", „kok-ker" und „kokoje-kokoje" übersetzt wurde. Vollgelege enthalten fünf bis sieben ockergelbe, zuweilen mit dunklerer Fleckung versehene, leicht glänzende, dickschalige Eier. Mehrere Familien vereinigen sich zu Herden aus bis zu 40 Mitgliedern.

Heuglins Frankolin *(Chaetopus icterorhynchus)*

syn.: *Francolinus icterorhynchus*

In einem recht begrenzten Gebiet Ost-Kameruns, etwa am 15. östlichen Längengrad, wird das Doppelspornfrankolin durch das nahe verwandte Heuglins Frankolin ersetzt, das von Burkina Faso bis nach Kongo (früher Zaire), dem Südwest-Sudan und West-Uganda verbreitet ist.

Die Geschlechter sind gleich gefärbt. Die schwarze Stirn geht auf dem Scheitel in Rotbraun über; Zügel und ein kurzer Bartstreifen schwarzbraun, ein Überaugenband weiß mit Braunsprenkelung; Kopfseiten und Hals weiß mit brauner Federschäftung, Kinn und Kehle weiß; Nacken und Mantelfedern schwarzbraun mit ockergelber Säumung; Oberseite graubraun, die Federn dicht ockergelb wellengebändert; Brust und Mittelbauch isabellgelb mit dunkelbrauner Längsstreifung, die Flanken mit U-förmiger, dunkelbrauner Bänderung. Oberschnabel trübgelb, der Unterschnabel orangegelb; die Augenwachshaut und ein nackter Hinteraugenbezirk trübgelb, die Beine orangegelb, bei Hähnen doppelt gespornt.

Habitate der Art sind offene, schütter buschbestandene Steppen und dünn bewaldete Savannen in Höhen zwischen 500 und 1400 m. Auch geeignetes Kulturland wird besiedelt. Die Stimme der Hähne ist ein raues, langsam ausgestoßenes „kerak, kerak, kek". Vollgelege enthalten sechs bis acht grauisabellfarbene Eier. Außerhalb der Brutzeit tritt dieses Frankolin in Familien aus bis zu fünf Mitgliedern auf.

Clappertons Frankolin *(Chaetopus clappertoni)*

syn.: *Francolinus clappertoni*

Nördlich des Vorkommens von *C. bicalcaratus* und *C. icterorhynchus* liegt im Akaziengürtel der nördlichen Sahelzone zwischen Ost-Mali und Nord-Äthiopien die Heimat des Clappertons Frankolin. Die Art ist in meist disjunkten Populationen vom äußersten Ost-Mali, dem Zentral-Niger, dem äußersten Nordost-Nigeria, dem Süd-Tschad und dem Mittel-Sudan bis nach Eritrea, Nordwest- und Mittel-Äthiopien (Westliche Hochländer und Rifttal) sowie Nordost-Uganda verbreitet.

Mehrere Unterarten, deren Unterschiede jedoch im klinalen Bereich liegen, wurden beschrieben:

C. c. clappertoni: Mali bis zum West-Sudan.
C. c. heuglini: West-Sudan.
C. c. gedgii: Südost-Sudan bis Nord-Uganda.
C. c. sharpii: Ost-Äthiopien.
C. c. nigrosquamatus: West-Äthiopien.

Im Südwesten ihres Verbreitungsareals ist die Art stellenweise mit Heuglins Frankolin sympatrisch, doch bewohnen beide Arten unterschiedliche Biotope.

Bei Clappertons Frankolin sind die Geschlechter gleich gefärbt. Stirn dunkelbraun, auf Scheitel und Nacken allmählich zu rötlichem Braun aufhellend; ein breites Überaugenband weiß, die Ohrdecken rötlich braun, Kopfseiten und Hals weiß, die Federn dunkelbraun geschäftet; bei westlichen Populationen ein dunkelbrauner Bartstreif; Kinn und Kehle weiß; Mantel, Rücken und Flügeldecken hellgraubraun, die Federn weiß gesäumt, V-Muster bildend; Unterseite cremeweiß, jede Feder mit birnenförmigem schwarzem Fleck und cremegelbem Schaftstreif. Schnabel schwarz mit roter Unterschnabelbasis; Augenwachshaut und die ausgedehnte nackte Augenumgebung sowie die Beine rot. Die Läufe sind beim Hahn mit zwei Sporen bewehrt.

Bei Clappertons Frankolin sind die Geschlechter gleich gefärbt.

Habitate der Art sind semiaride Sandsteppen, felsige Berghänge und Kulturland. In Gebirgen kommt sie bis in 2300 m Höhe vor. Der Revierruf der Hähne ist ein vier- bis sechsmal wiederholtes, lautes kratzendes „kerak“, das sehr den Stimmen von Doppelsporn- und Heuglins Frankolin ähnelt.

Vollgelege bestehen aus vier sehr dickschaligen, schmutzig weißen bis gelblich braunen, stark porigen Eiern, aus denen nach 21- bis 23-tägiger Bebrütung die Küken schlüpfen. Auf Nahrungssuche graben die Vögel mit ihren kräftigen Läufen nach Knollen und Zwiebeln, womit sie wohl auch weitgehend ihren Wasserbedarf decken.

Hildebrandts Frankolin *(Chaetopus hildebrandti)*

syn.: *Francolinus hildebrandti*

Eine durch ausgeprägten Sexualdimorphismus charakterisierte Art der Wellenfrankolin-Gruppe ist das Hildebrandts Frankolin von Kenia, Tansania, Südost-Kongo (früher Zaire), Nordost-Sambia und Süd-Malawi.

Folgende Unterarten, die sich hauptsächlich in der Färbung der Weibchen unterscheiden, wurden beschrieben:

C. h. hildebrandti: Ost-Kenia bis Nordost-Sambia und West-Malawi.

C. h. altumi: West-Kenia.

C. h. johnstoni: Süd-Tansania, Ost-Sambia, Süd-Malawi, Nord-Mosambik.

C. h. fischeri: Zentral-Tansania

Die Unterarten werden von Urban et al. (1986) nicht mehr anerkannt, da die Färbungsunterschiede der Hennen in klinalem Rahmen liegen.

Bei Hähnen sind die Stirn und ein Überaugenband dunkelbraun mit Weißsprenkelung der Federn; Ohrdecken rötlich grau, Kopfseiten und Hals weiß mit dichter dunkelbrauner Sprenkelung; Kinn und Kehle weiß; Mantel schwarz mit breiter, U-förmiger cremeweißer Musterung; übrige Oberseite dunkelgraubraun, dicht gelblich wellengebändert und rötlich gesprenkelt. Federn der Unterseite schwarz mit weißer Säumung, die nach hinten zu breiter wird; Oberschnabel rot mit schwarzem First, Unterschnabel ganz rot; Beine rot, die Läufe doppelt gespornt.

Bei Hennen der Nominatform ist der Oberkopf braun, der Zügel schwarz, ein Augenbrauenstrich, Kopf- und Halsseiten sind graubraun bis rostbraun; Nackenfedern schwarzbraun mit weißen Seitensäumen, Kehle blassgraubraun oder rostfarben, Kropf und Unterseite zimtrotbraun; Oberseite wie beim Hahn, aber mit angedeuteter hellgelblicher Bänderung. Auch Hennen tragen Laufsporen.

Bei den südlichsten Populationen *(C. h. johnstoni)* ist sexueller Dimorphismus der Weibchen am stärksten ausgeprägt. Die Schwarzweißmusterung der Nackenregion fehlt vollständig, ist dagegen bei den Hennen der Keniapopulation *(C. h. altumi)* meist vorhanden.

Habitate der Art sind buschbedeckte Berghänge, Buschsteppen, Dickichte, Adlerfarngestrüpp sowie Brachystegia-Parkwälder. Mit Beginn der Paarungszeit kämpfen die Hähne erbittert um ihre Revieransprüche und ihre erregten Rufe, ein hohes Gackern „kek-kekkek-kek-kekerak“, sind dann während des ganzen Tages und oft im Chor zu hören.

Vollgelege enthalten vier bis acht cremegelbe bis hellbraune Eier. Die Vögel sind fast überall scheu und überaus schwierig zu beobachten. Nur Hell's Gate Gorge bei Naivasha (Kenia) bildet eine Ausnahme. In diesem Naturschutzreservat leben sie auf felsigen, buschbestandenen Hängen, sind relativ vertraut und lassen sich mit einigem Glück fotografieren.

Natal-Frankolin *(Chaetopus natalensis)*

syn.: *Francolinus natalensis*

Unmittelbar südlich des Verbreitungsgebietes des Hildebrandts Frankolin schließt sich das seines nächsten Verwandten, des Natal-Frankolin, an, das Zentral-Sambia, den äußersten Westen Mosambiks, Simbabwe, einen Winkel Ost-Botswanas, Südafrika in Transvaal, den Oranjefreistaat, Natal sowie den äußersten Norden und Osten der Kap-Provinz bewohnt.

Zwei beschriebene Unterarten (*C. n. neavei* und *C. n. natalensis*) sind geografische Farbvarianten innerhalb einer klinalen Verbreitung.

Beim Natal-Frankolin sind Schnabel und Beine leuchtend rot gefärbt.

Die Geschlechter sind gleich gefärbt. Stirn und Zügel sind schwarz, die Ohrdecken braun, Scheitelmitte und Nacken umberbraun; übrige Kopfpartien, Hals und Unterseite mit dicht schwarzweiß gemusterten Federn bedeckt, die auf der Brust und Bauchregion U- und V-Form annehmen. Oberseite rehbraun, die Federn dicht mit zarter hellerer und dunklerer Wellenbänderung bedeckt und vielfach mit langen schmalen, schwarzen Schäften versehen. Schnabel und Beine rot, die Läufe sind beim Hahn mit einem Sporn bewehrt.

Natal-Frankoline nutzen mehrere Habitate vom Meeresniveau bis in Höhen von 1800 m. Dazu gehören dichtes Gestrüpp an Berghängen, Trockenwald an Flussläufen sowie Akaziengestrüpp auf Felsboden. Auch an Kulturland wie Zuckerrohrplantagen und Getreidefelder haben sie sich angepasst. Im Luangwatal Sambias, wo *C. natalensis* mit *C. hildebrandti* stellenweise sympatrisch ist, wurden hin und wieder Hybridvögel festgestellt. Mischlinge zwischen Natal- und Swainsons Frankolin wurden aus West-Sambia bekannt.

Während der fast über das ganze Jahr verteilten Brutzeit rufen die Hähne kurz und rau „graa-tschä-tschä-tschä“. Vollgelege umfassen durchschnittlich fünf ockergelbliche bis cremeweiße, sehr dickschalige Eier, aus denen nach 20-tägiger Erbrütung die Küken schlüpfen.

Kap-Frankolin *(Chaetopus capensis)*

syn.: *Francolinus capensis*

Eine für das Kapland endemische Art ist das große Kap-Frankolin, welches die südliche und westliche Kap-Provinz vom unteren Orangeflusstal südwärts durch Klein-Namaqualand zur Kap-Halbinsel und von dort ostwärts bis zur Stadt Uitenhage bewohnt.

Die Geschlechter sind gleich gefärbt. Stirn, Scheitel, Kopfseiten und Hals dunkelgraubraun mit cremeweißer Federsäumung; Ohrdecken einfarbig braungrau. Oberseite dunkelbraungrau, jede Feder mit drei bis fünf U-förmigen, schmalen, cremefarbenen Querbändern versehen; Kinn und Oberkehle weiß, Unterkehle grauschwarz gesprenkelt; Brust- und Bauchfedern dunkelgrau, jede Feder schmal und dicht weiß wellengebändert, mit weißem Schaft und breitem, U-förmigem weißem Saum ausgestattet. Oberschnabel dunkelbraun mit roter Basis, Unterschnabel rot; Beine rot, die Läufe beim Hahn doppelt gespornt. Von Weitem wirkt der Vogel einförmig dunkelgraubraun.

Wie der Name sagt, ist das Kap-Frankolin eine endemische Art des Kaplands.

Habitate der Art sind die für das Kapland charakteristische Macchienheideformationen, der Fynbos der Südafrikaner sowie dichter Busch entlang der Bäche und Flüsse. Nicht bejagt werden Kap-Frankoline schnell vertraut und angefüttert zu gern gesehenen Gästen an den Farmhäusern. Der „Kaapse Fisant" wird nämlich wegen seiner nützlichen Tätigkeit, der Vertilgung landwirtschaftlicher Schadinsekten, geschätzt. Der morgens und abends besonders häufig ausgestoßene laute, krähende Ruf der Hähne klingt wie „kak-keek, kak-keek, kak-keeeeeek" mit besonderer Betonung der zweiten Silbe. Vollgelege enthalten sechs bis acht bräunlich cremefarbene bis hellrötliche oder purpurrötliche Eier.

Rotschnabelfrankolin *(Chaetopus adspersus)*

syn.: *Francolinus adspersus*

Das am stärksten wellengebänderte Mitglied der Wellenfrankolingruppe ist das Rotschnabelfrankolin Süd-Angolas (Süd-Huila), Namibias, Südwest-Sambias, West-Simbabwes sowie Nordost- und Süd-Botswanas.

Die Geschlechter sind gleich gefärbt. Der Scheitel ist dunkelgraubraun mit sehr zarter, ockriger Wellenbänderung der Federn; Stirn, Zügel und ein schmales Überaugenband schwarz, Ohrdecken dunkelgrau; übrige Kopfpartien, Hals, Mantel und die ganze Unterseite sehr dicht und schmal schwarz und weiß wellengebändert, Kinn und Kehle schwarzweiß gewellt. Oberseite dunkelgraubraun, rötlich verwaschen, die Federn sehr zart, dicht und undeutlich ockrig wellengebändert. Schnabel korallenrot, die über dem Auge verbreiterte Wachshaut als charakteristisches Artkennzeichen sattgelb; Beine korallenrot, bei Hähnen mit zwei Sporen an den Läufen bewehrt.

Durch die feine Zeichnung wirkt das Rotschnabelfrankolin aus der Entfernung dunkelgrau.

Die Art bewohnt eine Vielzahl von Habitaten, denen das Vorhandensein von Oberflächenwasser gemeinsam ist. In den bewaldeten Schluchten der Inselberge Namibias wird sie bis in Höhen von 1000 m angetroffen. In Süd-Angola und Südwest-Sambia bewohnt sie saisonal überflutete Ebenen und zieht sich bei ansteigendem Wasser auf verbleibende Inselchen inmitten der Fluten zurück. Sie lebt auch gern in dichten Buschsäumen von Wasserläufen aller Art sowie an den Säumen von Akazienwäldern auf Kalaharisand.

Gebrütet wird gegen Ende der Regenzeit und zu Beginn der Trockenperiode. Die sehr ruffreudigen Hähne schreien dann laut, rau und tief „ka-wak-wak-wak, ka-krr-krr-krr-krr", was auf Entfernung wie eine Folge hysterischer Lachsalven klingt. Vollgelege umfassen vier bis zehn cremefarbene bis braungelbe, sehr dickschalige Eier, aus denen nach 22-tägiger Erbrütung die Küken schlüpfen. Die Küken führenden Paare vereinigen sich mit anderen zu Trupps von fünf bis 20 Vögeln, die bis zur nächsten Brutsaison zusammenbleiben. Das von Weitem einfarbig dunkelgrau wirkende Rotschnabelfrankolin lässt sich gut an Wasserstellen der Etoschapfanne Namibias beobachten, die es täglich zum Trinken besucht.

Harwoods Frankolin *(Chaetopus harwoodi)*

syn.: *Francolinus harwoodi*

Eine Art der Wellenfrankolingruppe mit sehr begrenztem Verbreitungsgebiet ist Harwoods Frankolin, das die Talsohlen von Schluchten des Blauen Nils und seiner Zuflüsse in der äthiopischen Provinz Shoa bewohnt.

Die Geschlechter sind gleich gefärbt. Stirn und Überaugenregion sind schwarz, der Scheitel dunkelbraun, die Ohrdecken grau; Kopfseiten, Kinn und Kehle weiß mit dichter brauner Strichelung; Oberseite hellgraubraun, die Federn mit dichter ockergelber Wellenbänderung; Hals- und Brustfedern schwarz und isabellgelb in doppelter U-Form kräftig gemustert, ein Schuppenmuster erzeugend. Übrige Unterseite hellockergelb mit großen dunkelbraunen V-förmigen Abzeichen auf Unterbrust und Flanken. Bauchmitte einfarbig ockergelb. Oberschnabel schwarz mit roter Basis, Unterschnabel rot; Augenwachshaut und nackte Augenumgebung rot, Beine rot, Läufe bei den Hähnen mit doppelten Sporen.

Die Art bewohnt dichte, ausgedehnte, von einzelnen Bäumen durchsetzte Rohrkolbenbestände *(Typha)* entlang seichter Flüsse, offene *Combretum/Terminalia*-Waldstücke inmitten dichter *Hyparrhenia*-Grassteppen und begibt sich auf Nahrungssuche gern auf Kulturland, besonders Sorghumfelder.

Die Stimme der Hähne ist ein kratzendes „koree“, der des Clappertons Frankolin ähnlich. Über die Fortpflanzungsbiologie ist noch wenig bekannt. Ein Paar mit drei älteren Jungen wurde beobachtet. Nach Hall (1963) wird eine weitere Ausdehnung der Bestände des Harwoods Frankolin sehr wahrscheinlich durch die Besiedelung der Plateaus und Berghänge mit dem größeren und stärkeren Erckels Frankolin verhindert.

Bergfrankoline *(Oreocolinus,* syn.: *Francolinus)*

Den von Hall zur Gruppe der Bergfrankoline zusammengefassten sieben Arten haben Crowe, Harley et al. (1992) den wissenschaftlichen Gattungsnamen *Oreocolinus* verliehen. Die Arten bewohnen in vielen inselartigen Vorkommen Gebirge Eritreas, Äthiopiens, den Mt. Kenia, die Aberdares, Mt. Elgon, Gebirge Ugandas, Ost-Kongos (früher Zaire), Ruandas, Burundis, Angolas sowie den Kamerunberg.

Das gegenwärtige Verbreitungsmuster lässt sich auf tiefgreifende Klimaveränderungen während des Pleistozäns in Afrika mit mehrmaligem Wechsel von Warm- und Kaltzeiten erklären. Interpluviale Trockenperioden bewirkten einen unaufhaltsamen Rückgang ehemals zusammenhängender immergrüner Regenwälder nebst ihrer Begleitfauna und deren Beschränkung auf Hochgebirgsmassive mit ihren gleichbleibenden Temperaturen, wo auch die genannten Frankolinarten überleben konnten.

Die Variation der Arten dieser Gattung folgt deutlich geografischen Tendenzen: Die im Zentrum der disjunkten Verbreitungsareale lebenden Formen teilen stets einige Merkmale mit ihren nächsten Nachbarn, die oft Hunderte von Kilometern durch Trockensteppen getrennt in den Bergwäldern einander benachbarter Gebirge leben. Zwar sind die Unterschiede in Färbung und Gefiedermusterung zwischen den Arten im Lauf der Zeit oft erheblich geworden, aber keineswegs extremer als etwa die zwischen den Unterartenblöcken und Unterarten des Rotkehlfrankolins.

Nach Hall sind die Bergfrankoline unter allen Frankolinen die am wenigsten homogene Gattung und es ist schwierig, Gemeinsamkeiten der Arten zu finden. Man kann sagen, dass bei den Hähnen Scheitel, Unterrücken, Handschwingen und Steuerfedern stets einfarbig braun bis rotbraun gefärbt sind, während die Hennen der Arten mit Sexualdimorphismus *(O. ochropectus, O. swierstrai, O. camerunensis)* auf Handschwingen, Unterrücken und Schwanz Wellenbänderung aufweisen.

Kastanienhalsfrankolin *(Oreocolinus castaneicollis)*

syn.: *Francolinus castaneicollis*

Hochgebirgswälder Äthiopiens bis zur kenianischen Grenze sowie Nord-Somalias bewohnt das große Kastanienhalsfrankolin, von dem folgende Unterarten beschrieben wurden:

O. c. castaneicollis: Ost-Äthiopien.
O. c. ogoensis: Nord-Somalia.
O. c. kaffanus: West-Äthiopien.
O. c. atrifrons: Süd-Äthiopien (Megagebiet im Borandistrikt).

Die genannten Unterarten werden von Urban et al. (1986) lediglich als geografische Varianten innerhalb einer klinalen Verbreitung betrachtet. Die Geschlechter sind gleich gefärbt. Bei der Nominatform geht das Schwarz der Stirn auf Scheitel und Nacken fließend in Fuchsrot über; Zügel schwarz, die Federn weiß geschäftet; Ohrdecken und Gesichtsseiten hellfuchsrot mit isabellfarbener Sprenkelung; Mantelfedern fuchsrot, schwarz und isabellfarben gestreift; Rücken und Flügeldecken dunkelbraun, die Federn breit weiß und rotbraun gesäumt, die übrige Oberseite braungrau mit dunklerer Wellenzeichnung und angedeuteter isabellfarbener Bänderung. Kinn und Kehle weiß, die Oberbrustfedern rotbraun mit schwarzen und weißen Seitensäumen; Flanken mit geringerer, aber breiterer Schwarzweiß-Streifung. Schnabel und Beine korallenrot.

Habitate der Art sind Gebirgsplateaus in Höhen von 1200 bis 4000 m. Dort leben die Vögel in Baumheide- und Hageniawäldern sowie Heidemooren, in Nord-Somalia auch in niedrigeren Höhen um 1200 m in ariden Wacholderwaldungen.

Die Paare rufen zu allen Tageszeiten im Duett oder zusammen mit Nachbarpaaren im Chor „kek kek kek kerak". Vollgelege bestehen aus fünf bis sechs cremefarbenen Eiern.

Wacholderfrankolin *(Oreocolinus ochropectus)*

syn.: *Francolinus ochropectus*

Erst 1952 wurde im Foret de Day der Godaberge westlich der Stadt Tadoura in der Republik Djibouti eine bisher unbekannte Frankolinart, das Wacholderfrankolin, entdeckt. Bei ihm sind die Geschlechter wenig verschieden gefärbt.

Hähne haben eine schwarze Stirn mit weißer Federschärfung, einen kastanienbraunen Scheitel und grauen Hinterscheitel. Eine rötlich schwarze Binde zieht sich verbreiternd vom Zügel durchs Auge und sich wieder verengend bis zum Nacken. Hinter dem Auge ein kleiner Fleck, die Ohrdecken grau; Bart- und Wangenregion rostbraun mit isabellfarbenen Federsäumen; Oberseite grau mit rostgelber Längsstreifung; Mantel und Flügeldecken dunkelbraun, Ersterer mit U-förmiger, dunkelrotbrauner Zeichnung, die Arm- und Handschwingen graubraun, heller als die Flügeldecken. Kinn und Kehle cremegelb, Vorderhals isabellgelb, dazu ockerbraun gesprenkelt; übrige Unterseite weiß, die Federn mit U-förmiger Schwarzstreifung, grauschwarzer Schäftung und isabellgelbem Tropfenfleck. Schnabel schwarz und trüb gelb, Beine gelborange.

Hennen haben eine schwach wellengebänderte Oberseite und einen rostroten statt graubraunen Schwanz.

Die nur aus einer Population von etwa 500 Vögeln bestehende Art bewohnt ein bewaldetes Bergmassiv in Höhen zwischen 700 und 1780 m. Da der Hochwald des Berges in zunehmendem Maße abgeholzt wird, kann man nur auf eine Gewöhnung des seltenen Wacholderfrankolins an Sekundärbusch hoffen.

Erckels Frankolin *(Oreocolinus erckelii)*

syn.: *Francolinus erckelii*

Eine sehr große Art der Gattung ist Erckels Frankolin, das ziemlich lückenlos über die Hochplateaus Zentral- und Nord-Äthiopiens sowie Eritreas nördlich sowie westlich des Rifttals verbreitet ist. Eine isolierte Population bewohnt Berge der Rotmeer-Provinz des Süd-Sudan und wurde als eigene Unterart *(O. e. pentoni)* beschrieben.

Die Geschlechter werden durch die Größe unterschieden; die Hennen sind wesentlich kleiner als die Hähne. Bei Hähnen der Nominatform sind die Stirn und ein breites Überaugenband schwarz; Zügel und Wangen schwarzbraun, die Federchen weiß gestrichelt; Halsseiten und Mantel rotbraun, die Federn weiß gesäumt; übrige Oberseite dunkelolivbraun. Ein Bartstreif, Kinn und Kehle weiß;

Beim Erckels Frankolin ist der Hahn (hier auf dem Foto) wesentlich größer als die Henne.

Brustfedern grau, im Zentrum mit rotbraunen, schwarz und weiß gesäumten Tropfenflecken, die zum Bauch hin größer und schmaler werden. Schnabel schwarz mit horngelber Spitzenhälfte, Beine gelb.

Die Art bewohnt Hochgebirge in Höhen zwischen 2000 und 3500 m und kommt in dem von Menschen entwaldeten Gelände in Sekundärgestrüpp und Grassteppen, in hohen Berglagen auch in der Baumheidezone sowie den für Menschen kaum begehbaren Steilhängen vor. Auf Steilklippen bewegen sich diese Frankoline sehr geschickt und fliegen von Sims zu Sims. Oberflächenwasser muss stets vorhanden sein.

Die Stimme der Hähne ist eine lange Serie krächzender, gackernder Töne, die anfangs laut und betont ausgestoßen, allmählich an Tonhöhe und Stärke verliert, um schließlich zu ersterben. Alfred Brehm (1863) hat sie mit „krekrekrekrekrekrerr" und „käkäkekeckeckeckkrerkrr" übersetzt und hörte sie in den Morgen- und Abendstunden im Mensagebirge Eritreas überall aus den Felsen ertönen.

Vollgelege enthalten vier bis neun schmutzig weiße bis hellbräunliche, sehr hartschalige Eier, aus denen nach 21- bis 22-tägiger Brutdauer die Küken schlüpfen.

In den Gamefarms der südlichen USA floriert die Zucht des Erckels Frankolin und einzelne Hennen haben in einer Brutsaison bis 100 Eier gelegt. Seit 1957 verlaufen Auswilderungen auf Hawaii erfolgreich und werden auch in Italien (Toskana) unternommen.

Jacksons Frankolin
(Oreocolinus jacksoni)

syn.: *Francolinus jacksoni*

Eine endemische Hühnervogelart der Gebirgswälder Kenias ist das über rebhuhngroße Jacksons Frankolin welches dort den Mt. Kenya, die Aberdares bis zum Mau-Plateau, die Cherangani Hills und den Mt. Elgon bewohnt.

Die Geschlechter sind gleich gefärbt. Oberkopf und Nackenfedern graubraun, blassgelblich gesäumt; Zügel trüb braunrot, die Ohrdecken hellgrau; Zügel, Kinn und Oberkehle weißlich; Kopfseiten, Hals, Mantel und Unterseite rotbraun, die Federn mit weißen Seitensäumen; Oberseite dunkelolivbraun, die Federn zart schwarz wellengebändert und braunrötlich verwaschen; Bürzel und Schwanz braunrot. Schnabel, die schmale Augenwachshaut und die Beine sind korallenrot.

Das Jacksons Frankolin ist in Kenia endemisch.

Habitate der Art sind praktisch alle Vegetationstypen ostafrikanischer Gebirgswälder in Höhen von 2200 bis 3700 m. Am häufigsten wird sie in Baumheidewäldern und den Moorheiden oberhalb der Waldgrenze angetroffen und fehlt auch in den Bambuswäldern nicht. Zahlreiche, das Revier kreuz und quer durchziehende Trampelpfade deuten auf ihre Anwesenheit hin. In der Umgebung von Touristen-Camps des Aberdare- und Mt.-Kenia-Nationalparks ist der sonst so scheue und vorsichtige Vogel durch Anfüttern recht vertraut geworden. Bei Gefahr sträubt er das Kopfgefieder und wippt rallenartig mit dem Schwanz auf und ab.

Die extrem laute, hohe Rufserie der Hähne ähnelt dem Wetzen einer Sense und wird schon kurz vor Sonnenaufgang sowie vor dem abendlichen Aufbaumen ausgestoßen. Vollgelege enthielten drei und mehr hellbraune Eier mit glänzender Schalenoberfläche. Elternpaare mit sieben Küken wurden beobachtet.

Kivu-Frankolin *(Oreocolinus nobilis)*

syn.: *Francolinus nobilis*

In den Bergen westlich des Albertsees, dem Ruwenzorigebirge, dem Impenetrable Forest Südwest-Ugandas, den Bergen Ost-Kongos (früher Zaire), Ruandas und Burundis bis zu den Itombwe-Bergen des Süd-Kivu sowie dem Mt. Kabobo lebt das große Kivu-Frankolin. Bei ihm sind die Geschlechter gleich gefärbt. Kopf und Hals sind dunkelgrau, die Ohrdecken hellgrau; Rücken rostrot mit grauer Federsäumung; Schulter- und Flügeldeckfedern mit rotbraunem Zentrum und grauer Seitensäumung; Bürzel, Oberschwanzdecken und Schwanz dunkelgraubraun; Kinn und Kehle isabellweiß, zart dunkel gestrichelt; Brust und Flanken roströtlich, die Federn isabellfarben gesäumt; Bauch grau mit isabellweiß gespitzten Federn. Schnabel, die ausgedehnte nackte Augenumgebung und Beine sind rot.

Habitate der Art sind der Unterwuchs der unteren Bergwaldzone, der darüber liegende Bambuswald und die alpine Heidezone bis in Höhen von 3700 m. Standortruf der Hähne ist ein lautes, vier- bis fünfmal wiederholtes „chuk-a-rik“, das vor allem während der Morgen- und Abendstunden gehört wird. Nester und Gelege sind noch unbekannt.

Kamerunberg-Frankolin *(Oreocolinus camerunensis)*

syn.: *Francolinus camerunensis*

Ein winziges Verbreitungsgebiet von vermutlich weniger als 300 km² auf den südöstlichen Hängen des Kamerunberges weist das Kamerunberg-Frankolin auf.

Die Geschlechter sind sehr verschieden gefärbt. Hähne haben einen umberbraunen Oberkopf, weiße Kehle, dunkelbraune Flügel und ein im Übrigen mausgraues Gefieder, dessen Federn schwarze Schäfte und heller graue Säume aufweisen. Der Schnabel, die nackte Augenumgebung und die Füße sind korallenrot.

Bei Hennen ist die Oberseite dunkelbraun, wobei die Federn intensiv schwarz gefleckt und gebändert sind und isabellfarbene, schmale Schäftung besitzen; die Unterseite ist auf schwarzem und braunem Grund mit U-förmigen weißen Federzentren versehen. Insgesamt sind Hennen brauner als Hähne.

Die lokal häufige Art bewohnt in Höhen zwischen 850 und 2100 m Wälder mit dichtem Unterwuchs entlang der oberen Baumgrenzen und ist einer der heimlichsten und am schwierigsten zu beobachtenden Bodenvögel dieser Nebelwälder. Die Stimme soll abweichend von der der meisten Frankolinarten ein hoher dreisilbiger Pfiff sein. Über die Brutbiologie ist nichts bekannt.

Swierstras Frankolin *(Oreocolinus swierstrai)*

syn.: *Francolinus swierstrai*

Endemisch für das Hochland West-Angolas und eine alte Reliktform ist Swierstras Frankolin. Auf dem Bailunda-Hochland und dem Mombolo-Plateau ist die Art lokal verbreitet und weitere Vorkommen sind an der Chela-Abdachung, bei Tundavala im Huila-Distrikt sowie bei Cariango im Cuanza-Sul-Distrikt gefunden worden.

Die Geschlechter sind etwas verschieden gefärbt. Beim Hahn sind Stirn, Zügel und ein Bezirk unter dem Auge schwarz; Scheitel dunkelbraun, zum Nacken zu in Schwarz übergehend; über den Augen ein breites weißes Superziliarband, das über die dunkelbraunen Ohrdecken den Hals abwärts zieht, um in das Weiß von Kinn und Kehle überzugehen; ein schwarzweiß gestricheltes schmales Band umsäumt die weißen Bezirke und verbreitert sich auf dem Kropf zu einer Art schwarzem Medaillon; Oberseite graubraun, die Federn hell geschäftet und schwarz gesäumt. Unterseite weiß mit schwarzer Längsstreifung. Schnabel und Beine rot.

Bei der Henne weist die weiße Unterseite nur auf der Oberbrust braune und schwarze Klecksfleckung und Bänderung auf, die dort ein gesprenkeltes Band bilden. Spärliche Fleckung findet sich ferner auf dem Mittelbauch.

Ursprüngliche Habitate der Art sind heute fast vollständig abgeholzte Bergwälder sowie felsige grasbedeckte Berghänge. Manche Wälder auf Steilhängen und an Schluchten sind für die Holzgewinnung schwierig zu erreichen und dürften der seltenen Art noch für einige Zeit Unterschlupf gewähren. Dort scharren und graben die Vögel im Falllaub des Unterholzes nach Nahrung. Der Revierruf der Hähne klingt schrill und rau. Über die Fortpflanzungsbiologie ist nur sehr wenig bekannt.

Nacktkehlfrankoline *(Pternistis, syn.: Francolinus)*

Rebhuhngroße robuste Hühnervögel Afrikas mit nackter, farbiger Kehle und Augenumgebung sind die Nacktkehlfrankoline. Bei ihnen ist das Gefieder der Oberseite vom Scheitel bis zum Schwanz so gut wie einfarbig braun, das der Unterseite längs gestreift und zart wellengebändert. Schnabel und Beine sind rot oder schwarz, niemals gelb, die Tarsen der Hähne doppelt gespornt. Sexualdimorphismus ist nur schwach ausgebildet.

Hennen sind kleiner als Hähne und in der Färbung sehr ähnlich. Vier Arten sind über Trockengebiete Afrikas südlich der Sahara weit verbreitet. Ihre Habitate sind Trockenbusch, Baumsteppen und Parkwälder.

Gelbkehlfrankolin *(Pternistis leucoscepus)*

syn.: *Francolinus leucoscepus*

Ein ausgeprägter Trockenbuschbewohner ist das Gelbkehlfrankolin in Nordost-Afrika südwärts bis Tansania.

Zwei sehr ähnliche Unterarten wurden beschrieben:

P. l. leucoscepus: Äußerster Süd-Sudan, Eritrea, Nord-Somalia.

P. l. infuscatus: Nordost-Uganda, Nord-Kenia, Süd-Somalia, Süd-Äthiopien und Nord-Tansania.

Hier ist klar zu erkennen, warum das Gelbkehlfrankolin diesen Namen erhalten hat.

Bei der Nominatform ist der Scheitel braun mit Schwarzstreifung; ein schmaler weißer Streifen über den Augen, Ohrdecken braun, Kinn und Wangen weiß, Hals und Oberseite graubraun mit weißer Längsstreifung; Unterseite dunkelbraun mit dichter Dreiecksfleckung. Nasendeckel und nackte Augenumgebung erdbeerrot; die nackte Haut des Kinns orangerot, der Kehle dottergelb; Schnabel und Beine hornbraun.

Bevorzugtes Habitat der Art ist lichter *Commiphora*/Akazien-Trockenbusch mit nicht allzu hohem Graswuchs und jährlichen Niederschlägen von nur 200 bis 400 mm. Eine regelmäßige Aufnahme von Oberflächenwasser ist nicht nötig. Der Flüssigkeitsbedarf wird mit Früchten, *Cyperus*-Knöllchen und zu 18 % Insekten gedeckt.

Morgens und abends rufen die Hähne von einem erhöhten Platz aus laut und krächzend „ko-warrk". Bei der Balz füttert der Hahn seine Henne mit Futterbröckchen im Schnabel, nimmt mit leicht abwärts gebogenem Hals und teilweise gespreizten Flügeln eine sehr aufrechte Haltung ein und läuft um das Weibchen herum. Auch symbolische Verfolgungsjagden wurden beobachtet. Die Brutzeit fällt in die dort unregelmäßig auftretenden Regenfälle. Vollgelege umfassen drei bis acht sehr hartschalige, weiße bis rötlich ockerfarbene Eier, die zur Erbrütung 18 bis 20 Tage benötigen. Gelbkehlfrankoline sind in manchen Touristen-Camps Kenias und Tansanias recht vertraut geworden und dort leicht zu beobachten.

Graubrustfrankolin *(Pternistis rufopictus)*

syn.: *Francolinus rufopictus*

Eine für Tansania endemische Art ist das Graubrustfrankolin, das ein kleines Gebiet im Nordwesten des Landes vom Südostufer des Viktoriasees, süd- und ostwärts die Wembäre- und Serengeti-Steppen bis zum Eyassi-See bewohnt.

Im genannten Gebiet füllt die Art die Nische des Gelbkehlfrankolins, das östlich des Rifttals im Akazienbusch des Massailandes lebt. In einem begrenzten Gebiet am oberen Ende der Oldowayschlucht hybridisieren die beiden Arten. Da der größte Teil der Serengeti höhere Niederschläge und andere Akazienarten aufweist, wird das Einsickern von Gelbkehlfrankolinen und damit eine massive Hybridisierung beider Arten verhindert. Am engsten verwandt ist *P. rufopictus* mit *P. afer* und könnte fast als eine Subspezies desselben gelten.

Das Graubrustfrankolin ist eng verwandt mit dem Rotkehlfrankolin.

Die Geschlechter sind gleich gefärbt. Stirn und Scheitel sind dunkelbraun, unten von einem schmalen, schwarzen Band gesäumt. Ein kurzer Streifen oberhalb der Orbitalhaut ist weiß und der weiße Bartstreif ist auffällig. Rücken- und Flügeldeckfedern mit breitem, schwarzem Mittelstreifen und breitem rotbraunem Seitensaum; Brust grau mit schwarzer Federschäftung, übrige Unterseite mit schwarzer und grauweißer Längsstreifung. Nackte Gesichtshaut und Kehlhaut sind rot, die Beine braungrau.

Habitate der Art sind lichte, grasbestandene Akazienwälder und dichte Vegetation an Wasserläufen. Der laute, kratzende Revierruf der Hähne ähnelt sehr dem des Gelbkehlfrankolins und wird mit „ka-waaaark, ka-waaaark kaarrk“ übersetzt. Vollgelege bestehen aus vier bis sieben cremebräunlichen Eiern mit kreidig weißer Fleckung.

Rotkehlfrankolin *(Pternistis afer)*

syn.: *Francolinus afer*

Beim Rotkehlfrankolin, das in zahlreichen Unterarten und deren Hybridpopulationen weite Gebiete Afrikas vom Atlantik zum Indik besiedelt, besitzen alle Vertreter als gemeinsame Merkmale eine nackte rote Kehle und Augenumgebung, einen roten Schnabel und rote Beine sowie ein einfarbig braunes Rückengefieder.

Das Rotkehlfrankolin ist mit zahlreichen Unterarten und Hybridpopulationen weit verbreitet.

Die gegenwärtige Artverbreitung kann als Beispiel für einen rekonstruierbaren Ablauf von Evolutionsprozessen gelten. Als Folge der während des Pleistozäns (vor 1,8 Millionen bis 10.000 Jahren) mehrmals eingetretenen Wechsel von Feucht- und Trockenperioden in Afrika wurde das einst zusammenhängende Verbreitungsareal dieser Frankolinart während Interpluvialzeiten durch die Ausdehnung trockener Akaziensteppenwälder getrennt. Nach Pluvialperioden konnten Rothkehlfrankoline erneut in die wieder für sie besiedelbaren Gebiete von beiden Seiten einwandern. Da sie sich in der Zwischenzeit zu zwei verschiedenen Unterarten weiterentwickelt hatten, kam es nach dem vollzogenen Zusammentreffen zu umfangreicher Hybridisierung mit der Ausbildung breiter Mischzonen, deren Populationen elterliche Unterartenmerkmale in unterschiedlich starker Ausbildung aufweisen.

Zwei Gruppen, der nördliche Cranchii-Block und der südliche Afer-Block, mit vielen Unterarten und Hybridpopulationen lassen sich unterscheiden und seien im Folgenden in ihrer geografischen Verbreitung aufgezählt:

1. Der Cranchii-Block

P. a. cranchii (syn.: *P. a. intercedens*): Republik Kongo, Nord-Angola, Süd-Kongo (früher Zaire), Ruanda, Süd-Uganda, West-Kenia, West- und Süd-Tansania, Nord-Malawi, Sambia westwärts bis zum Luangwatal.

P. a. harteri: Burundi (Russisital).

2. Der Afer-Block

P. a. afer (syn.: *P. a. cunenensis*): Süd-Angola, Nord-Namibia.

P. a. leucoparaeus: Keniaküste von den Shimba Hills zum Tanafluss.

P. a. melanogaster: Ost-Tansania, Nord-Mosambik.

P. a. itigi: Mittel-Tansania. Hybridpopulation *cranchi x melanogaster*.

P. a. böhmi: West-Tansania. Hybridpopulation *cranchii x melanogaster*.

P. a. humboldtii: Sambesital West-Mosambiks. Hybridpopulation *melanogaster x swynnertoni.*

P. a. loangwae: Nordost-Sambia (hybridisiert östlich mit *cranchii*).

P. a. swynnertoni: Simbabwe, Süd-Mosambik.

P. a. benguellensis: West-Angola. Hybridpopulation *afer x cranchii.*

P. a. lehmanni: Isoliert lebende Population Transvaals.

P. a. castaneiventer (syn.: *P. a. krebsi*): Ost- und Südost-Kap-Provinz.

P. a. notatus: Süd-Kap-Provinz, bei Uitenhage in *castaneiventer* übergehend.

Um die systematische Stellung der Unterarten und Hybridpopulationen des Rotkehlfrankolins untereinander mit ihren oft recht komplizierten Zusammenhängen näher zu erläutern, sei die heute wohl allgemein akzeptierte Auffassung von Hall (1963) darüber wiedergegeben. Danach ist die geografische Variation des Cranchii-Rasseblocks nur gering. Seine Vertreter sind durch intensive Wellenbänderung der Unterseite mit spärlicher rot-brauner Längsstreifung des Bauches sowie die zarte Schwarz- und Grausprenkelung des Gesichtsgefieders charakterisiert.

Unter den Vertretern des Afer-Blocks ist die geografische Variation bedeutend. Ihnen fehlt die Wellenbänderung der Unterseite vollständig. Diese weist vielmehr breit lanzettförmige, schwarzweiß und grauweiß längs gestreifte Federn auf und das Gesichtsgefieder kann weiße, graue oder schwarze Zonen besitzen. Die schwarz- und weißgesichtigen Unterarten sind disjunkt verbreitet. Bei der in der Südwest-Ecke Angolas entlang der atlantischen Abdachung sowie des Kuneflusses lebenden Nominatform ist das Gesicht weiß, die Federn der Unterseite sind im Zentrum schwarz, außen breit weiß gesäumt. Die übrigen Afer-Unterarten leben in der östlichen Landeshälfte und umfassen eine ganze Anzahl von Unterarten nördlich des Limpopo nebst zwei disjunkten Unterarten in Süd-Afrika.

Die nördlichen Unterarten des Afer-Blocks besitzen graue Brustfedern mit schwarzer Schäftung, schwarzweiß gestreifte Flanken und einen schwarzen Bauch. Die Keniaküsten-Unterart *(leucoparaeus)* ist durch einen schwarz-weißen Überaugenstreifen und weiße Gesichtsseiten charakterisiert. In Nord-Tansania leben dagegen schwarzgesichtige Populationen *(melanogaster)*, wie sie ähnlich auch in Süd-Malawi *(humboldtii)* und dem äußersten Südost-Sambia *(loangwae)* auftreten.

Eine Hybridisierung zwischen *leucoparaeus* und *melanogaster* kann nicht stattfinden, denn beide Unterarten trennt ein 177 km breiter Korridor zwischen den Shimba Hills Kenias und Korogwe in Tansania. Vermutlich ist dieses Gebiet wegen zu großer Trockenheit für Rotkehlfrankoline nicht besiedelbar.

Bei Afer-Frankolinen aus den östlichen Distrikten Simbabwes und Süd-Mosambiks sind das Gesicht und ein Halsband weiß *(swynnertoni)*. Im unteren Sambesital, dem Harare-Distrikt Simbabwes und in Süd-Malawi lebt zwischen den Arealen der schwarzgesichtigen und weißgesichtigen Unterarten eine instabile Population *(humboldtii)* mit individuell wechselnden Anteilen von Schwarz und Weiß im Gesicht. Vögel einer isolierten Population in Natal und der Kapprovinz *(castaneiventer)* sind wiederum anders gefärbt, haben nämlich ein ganz schwarzes Gesicht und sind von der Oberbrust zum Bauch weiß, kastanienbraun und schwarz längs gestreift. Im Gebiet von Uitenhage gehen diese Vögel allmählich in die *notatus*-Population des südlichen Kaplandes über, bei der die kastanienbraune Farbkomponente des Unterseitengefieders ganz durch Schwarz ersetzt wird. Die Unterart *castaneiventer* wird in Natal nur in Höhen zwischen 1600 und 1200 m an Waldsäumen gefunden, fehlt dagegen in Nord-Natal und der Küstenzone, die vermutlich von *Chaetopus natalensis* beansprucht werden. Eine isolierte Afer-Population gibt es ferner in Südwest-Transvaal *(lehmanni)*. Sie vermittelt farblich zwischen den südlichen Populationen *castaneiventer/notatus* und der nördlicheren *swynnertoni*, denn sie hat ein schwarzes Gesicht und die Bauchregion ist schwarz mit langen weißen Streifen wie bei *notatus*, aber die Brust ist grau mit schwarzer Schaftstreifung, die wie bei *swynnertoni* zum Bauch kontrastiert.

Zwischen dem Cranchii-Block im Norden und dem Afer-Block im Osten liegen zwei breite Hybridzonen. Eine von ihnen *(itigi)* erstreckt sich durch Zentral-Tansania (Kondoa und Dodoma) und Zentral-Malawi *(loangwae)* bis ins Luangwatal, eine weitere durch Nord- und Zentral-Angola *(benguellensis)* bis ins äußerste Nordwest-Sambia. Über neuerdings entstandene noch kleine Hybridzonen zwischen *P. afer* und *P. swainsonii* in Süd-Afrika wird bei letzterer Art berichtet.

P. afer bewohnt in seinem riesigen Verbreitungsgebiet unterschiedliche Habitate, die nach Hall aber auf jeden Fall feuchter sind als die der übrigen Nackthalsfrankoline. Quer durch Zentral-Afrika decken sich seine Vorkommen mit der Ausdehnung der *Brachystegia*-Waldgebiete (Myombo) mit Ausnahme West-Simbabwes, wo sie durch *P. swainsonii* besetzt sind, und in Süd-Angola, wo *P. afer* in einen kleinen Abschnitt des Akazien-Parkwaldgürtels eingedrungen ist. In Kongo (früher Zaire) und Uganda trifft man ihn auf von Dickicht durchsetzten Grasebenen, im Küstenland Kenias in mit Hochgras und Waldflecken bestandenen Gebieten an. Wo *P. afer* das häufigste Großfrankolin ist, kann es mehrere Habitate bewohnen, wo es aber mit gleich großen Arten, wie Gelbkehl- und Swainsons Frankolin sympatrisch ist, bevorzugt es dichtere Deckung in feuchterem Milieu, speziell entlang von Wasserläufen.

Während der Brutsaison sind Rotkehlfrankoline sehr lautfreudig und rufen von erhöhten Plätzen des Brutreviers laut und kreischend „kekerrio“ mit größeren Abständen mehrfach wiederholt, besonders während der Morgen- und frühen Vormittagsstunden. Vollgelege bestehen aus vier bis sieben hell bis dunkel isabellfarbenen, feinporigen und dickschaligen Eiern, aus denen nach 23-tägiger Brutdauer die Küken schlüpfen.

Swainsons Frankolin *(Pternistis swainsonii)*

syn.: *Francolinus swainsonii*

Dieses Frankolin bewohnt Süd-Afrika von Nord-Nambia bis nach Mosambik. Von ihm wurden mehrere sehr ähnliche Unterarten beschrieben, deren geografisch bedingte Unterschiede innerhalb klinaler Grenzen liegen:

P. s. swainsonii: Süd-Botswana, Transvaal, Süd-Mosambik.
P. s. gilli: Nord-Namibia, Nord-Botswana, West-Sambia.
P. s. damarensis: Damaraland (Namibia).
P. s. lundazi: Nordost-Botswana, Simbabwe, West-Mosambik.

Bei der Nominatform ist die Oberseite graubraun und zart dunkelbraun wellengebändert; Kopf graubraun, Halsseiten und Hinterhals heller, dunkelbraun gestreift; Unterseite graubraun mit breiter schwarzer Federschäftung. Schnabel rot mit schwarzem First. Gesicht und Kehle nackt, rot, die Beine schwarz.

Die Art ist sehr anpassungsfähig und besiedelt daher eine Vielzahl von Habitaten, wenn sie nur Deckung bieten und Wasser vorhanden ist. Durch die Ausdehnung der Landwirtschaft konnte Swainsons Frankolin sein Verbreitungsgebiet weit ostwärts ausdehnen. Dabei traf es auf zwei verwandte Arten, *P. afer* und *Chaetopus natalensis*, mit denen es hybridisiert, und zwar mit *P. afer* im Maschonaplateau im Gebiet von Harare und mit *C. natalensis* in Gebieten westlich Bulawayos.

Lieblingshabitate der Art sind dichte Grassteppen und die diesen entsprechenden Mais- und Weizenfelder der Ag-

Das Swainsons Frankolin ist eine sehr anpassungsfähige Art.

rarlandschaft, ferner Dornbusch, Ufervegetation sowie Akazien-/Mopane-Savannenwald. Zur Brutzeit stoßen die Hähne laut, rau und krächzend ein tiefes „kowaark, kwarrk, kwarrk, kwarrk, krrk, krr" aus, wobei die Töne zum Schluss hin tiefer werden und schließlich ersterben. Manchmal antworten die Hennen darauf mit „kwii ke-ke-kwe", was dem Geschrei eines Menschenbabys recht ähnlich klingen soll.

Vollgelege enthalten vier bis acht cremeweiße bis isabellrötliche dickschalige Eier, aus denen nach 21-tägiger Erbrütung die Küken schlüpfen. Swainsons Frankolin ist das häufigste Frankolin des tropischen Südafrikas und ein beliebtes Jagdwild. Die Art ist ein schneller und gewandter Flieger, der Greifen häufig entkommt. Wird er von diesen geschlagen, stellt er sich oft tot, um plötzlich unter Federverlust zu flüchten, wenn der Jäger seinen Griff gelockert hat.

Schuppenfrankoline *(Squamatocolinus, syn.: Francolinus)*

Drei mittelgroße zentralafrikanische Frankolinarten wurden von Hall in der Gruppe der Schuppenfrankoline vereinigt und von Crowe, Harley et al. mit dem Gattungsnamen *Squamatocolinus* bedacht, werden aber in anderen Quellen auch der Gattung *Pternistis* zugeordnet. Bei diesen Frankolinen handelt es sich um unscheinbar gefärbte Vögel, deren gemeinsame Merkmale die überwiegend braune, mit dunkleren Zeichnungsmustern versehene Oberseite sowie die gleichfalls braune Unterseite mit hellgesäumten Federn, eine Art Schuppenmuster bildend, sind. Die Geschlechter sind gleich gefärbt, die Stimme der Hähne ist laut, nasal und krächzend. Habitate sind Regenwälder und Waldränder.

Schuppenfrankolin *(Squamatocolinus squamatus)*

syn.: *Francolinus squamatus*

Diese Art ist in seinem Vorkommen fast vollständig auf Äquatorialafrika zwischen dem 10. Grad nördlicher und dem 10. Grad südlicher Breite beschränkt. Neben seinem geschlossenen Verbreitungsareal, das von Nigeria im Westen bis zur Kongomündung im Süden und ostwärts im Regenwaldgürtel bis nach Uganda und Zentral-Kenia reicht, dazu Ausläufer südwärts durch Süd-Kongo (früher Zaire) bis zur Kongoquelle sendet, existieren noch zahlreiche disjunkte Vorkommen auf Hochplateaus (Äthiopien) und Gebirgsstöcken (Süd-Sudan, Tansania, Malawi). Dass die Frankoline dort während einer Trockenperiode im Pleistozän überlebt haben, kann kaum bezweifelt werden.

Mehrere Unterarten, die von Urban, Fry et. al. (1985) als geografische Varianten innerhalb einer klinalen Verbreitung nicht anerkannt werden, sind beschrieben worden:

S. s. squamatus: Süd-Nigeria bis Nord-Kongo (früher Zaire).
S. s. schuetti: Nordost- Angola bis Uganda, West-Kenia und Zentral-Äthiopien.
S. s. maranensis: Süd-Kenia bis zur Tansaniagrenze.
S. s. usambarae: Usambaraberge Tansanias.
S. s. udzungwensis: Udschungwegebirge Tansanias.
S. s. doni: Vipya-Plateau West-Malawis.

Die Geschlechter sind gleich gefärbt; Oberkopf einfarbig dunkelbraun, ein undeutliches Überaugenband hellgrau; Kopfseiten hellgraubraun, die Federn mit dunkleren Spitzen; Mantel bis Mittelrücken dunkelbraungrau, die Federn schwarz wellengebändert und unregelmäßig ockerfarben gesäumt; Bürzel und Oberschwanzdecken dunkelbraungrau mit schwarzer Wellenbänderung, ebenso der Schwanz und die Flügel, deren Handschwingen einfarbig braun sind. Kehle weiß bis cremegelb, Brust graubraun, die übrige Unterseite braun mit weißlicher oder graubrauner Säumung, ein Schuppenmuster bildend, die Unterschwanzdecken dunkelgrau, die Federn dicht schwarz wellengebändert und isabellweiß gesäumt. Schnabel und Beine korallenrot, die Läufe bei Hähnen doppelt gespornt.

Habitate der Art sind immergrüner Regenwald in Höhen von 800 bis 3000 m, der Sekundärbusch verlassener Plantagen sowie Kulturland (Kaffeeplantagen, Getreidefelder). Paare können noch in kleinen von Kulturland umgebenen Waldparzellen überleben.

In der Brutzeit rufen die Hähne oft im Chor. Dabei wird der Revierruf, ein hohes nasales „ke-rak“ vier- bis zwölfmal hintereinander ausgestoßen. Revierhähne sollen sich trotz ihrer Doppelsporen gegenüber männlichen Artgenossen viel weniger aggressiv verhalten als die Männchen der meisten anderen Frankolinarten. Vollgelege umfassen durchschnittlich sechs rötlich ockerfarbene, sehr hartschalige Eier. Die Überlebensrate der Jungvögel soll durch zahlreiche Bodenfeinde (Mungos, Genetten) gering sein.

Aschanti-Frankolin *(Squamatocolinus ahantensis)*

syn.: *Francolinus ahantensis*

Nördlichster Vertreter der Schuppenfrankoline ist das Aschanti-Frankolin, welches in mehreren disjunkten Populationen Küstengebiete Senegambiens, Nord-Guinea-Bissaus, Süd-Guinea, Sierra Leone, West-Liberia, den Nordosten der Elfenbeinküste, Ghana, Zentral-Togo sowie Zentral-Benin bis Nordwest-Nigeria bewohnt.

Zwei Unterarten, deren Unterschiede im klinalen Bereich liegen, wurden beschrieben:

S. a. ahantensis: Guinea ostwärts bis Südwest-Nigeria, diskontinuierlich die Elfenbeinküste.

S. a. hopkinsoni: Gambia, Senegal, Guinea-Bissau

Die Geschlechter sind gleich gefärbt. Ein Überaugenband, Zügel, Kinn und Kehle weiß, die Federn mit kleinen dunkelbraunen Endfleckchen. Scheitel, Obernacken und Ohrdecken dunkelgraubraun; die Gesichtsregion unterhalb der Augen bis zu den Halsseiten weißlich, dicht braun getüpfelt; die Halsseiten selbst, der Nacken und Obermantel schwarz, die Federn rötlich gelb geschäftet und weiß gesäumt, ein zartes Schuppenmuster bildend. Vorderrücken, Schultern, Flügeldecken rötlich braun, unregelmäßig ledergelb gebändert, Hinterrücken, Oberschwanzdecken und Schwanz kräftiger braun mit schwarzer Wellenbänderung. Die mehr oder weniger lanzettförmigen Federn der Unterseite graubraun mit auffallender Weißsäumung. Schnabel orangerot mit schwarzem First, ein nackter Hinteraugenfleck hellorange, Füße orangerot, Läufe bei Hähnen doppelt gespornt.

Die Art ist kein Bewohner des Waldinneren, besiedelt vielmehr Waldsäume, Sekundärbusch auf Lichtungen, dichten Uferbewuchs von Gewässern sowie unkrautüberwuchertes Brachland. Der Revierruf der Hähne ist ein mehrmals wiederholtes, hohes, lautes „kii-kii-kerii“ und „kok-kii-keruu“. Manchmal hört man vom Partner simultan einen anderen Ruf „ker-weerk“. Auch wird über einen antiphonalen Gesang der Paare berichtet, wobei der Hahn einen klaren, wellenförmigen Ton ausstößt, dem sich die Henne unmittelbar mit einem vibrierenden Unterton anschließt. Vollgelege bestehen aus vier bis sechs cremefarbenen bis rötlich isabellfarbenen Eiern.

Graustreifenfrankolin *(Squamatocolinus griseostriatus)*

syn.: *Francolinus griseostriatus*

Die südlichste und abweichendste Art der Schuppenfrankolingruppe ist das Graustreifenfrankolin West-Angolas, wo es in zwei disjunkten Populationen vorkommt: Die eine bewohnt Süd-Cuanza und West-Milanje, die andere Süd-Benguella und Nordost-Huila.

Die Geschlechter sind gleich gefärbt. Der Oberkopf ist graubraun, die Kopfseiten hellgräulich braun; Hinterhals und Rücken dunkelrotbraun, die Federn schwarz und breit perlgrau gesäumt; Schultern und äußere Armschwingen ebenso, dazu undeutlich schwarz wellengebändert; Unterrücken, Bürzel, Oberschwanzdecken erdbraun mit feiner dunkelbrauner und ockergelber Sprenkelung. Kinn und Kehlmitte trüb weiß; Vorderhals und obere Kropfregion rotbräunlich mit breiten weißgrauen Federsäumen; Brust und die Bauchseiten mit im Zentrum kastanienbraunen, breit grau und cremegelb gesäumten Federn, die Bauchmitte cremefarben. Oberschnabel schwarz mit roter Basis, Unterschnabel orangerot, die Beine orangerot, bei Hähnen gespornt.

Heinrich (1958) begegnete der seltenen Art in der Provinz Cuanza in Höhen zwischen 800 und 1200 m, wo die Vögel im Galeriewaldgestrüpp der steilen

Uferhänge des Kuanzaflusses sowie in dichten, niedrigen, von einzelnen Affenbrotbäumen überschatteten Buschdickichten auf niedrigen Hügeln am Rand der Flussniederung lebten. Die Stimme der Hähne glich der des Schuppenfrankolins. Über die Fortpflanzungsbiologie ist nichts bekannt.

Tropfenfrankoline *(Francolinus)*

Drei eng verwandte asiatische Frankolinarten, das Halsband-, Tropfen- und Perlhuhnfrankolin, werden in der Gruppe der Tropfenfrankoline vereinigt. Ihnen gemeinsam ist das braun oder isabellfarben gefleckte Mantelgefieder in Verbindung mit schwarzweiß oder braun und isabellfarben gebändertem Hinterrücken und Oberschwanzdeckengefieder. Die schwarze oder dunkelbraune Unterseite weist intensive weiße Tropfenfleckung auf.

Halsbandfrankolin *(Francolinus francolinus)*

Bekanntester Vertreter ist das schöne Halsbandfrankolin, nach dessen noch heute bei den Griechen Zyperns gebräuchlichem Namen Frankolin die ganze große Gruppe ihren Namen erhielt. Die Art weist ein riesiges Verbreitungsareal auf, das

Das Halsbandfrankolin – hier ein Hahn – überzeugt durch seine besonders schöne Zeichnung.

Zypern, die Südost-Türkei, Teile Vorderasiens, Aserbaidschan, den Iran, Afghanistan sowie Nord- und Zentral-Indien ostwärts bis Assam umfasst. Frühere Vorkommen in Süd-Spanien, auf Sardinien, Sizilien, in Süd-Italien und Griechenland gingen mit Sicherheit auf mittelalterliche Einbürgerungen zurück und erloschen durch übermäßige Bejagung im 19. Jahrhundert. In jüngerer Zeit unternommene Einbürgerungsversuche in der Toskana sowie auf den Hawaii-Inseln und in Guam verliefen erfolgreich.

Die Verbreitung der Art ist ausgesprochen klinal, wobei ein Klin abnehmender Größe von West nach Ost verläuft. Folgende Unterarten wurden aufgestellt:

F. f. francolinus: Zypern, Kleinasien, Ost-Transkaukasien südwärts nach Syrien und Israel, ostwärts nach Irak und Iran.

F. f. arabistanicus: Süd-Irak, West-Iran.

F. f. bogdanovi: Süd-Iran, Afghanistan ostwärts bis Belutschistan in Süd-Pakistan.

F. f. henrici: Belutschistan ostwärts bis Sind und Kutch.

F. f. asiae: West-Indien (außer Kutch) ostwärts etwa bis West-Nepal, West-Bihar, südwärts bis Nord-Gudjerat, Madjya Pradesh und Orissa.

F. f. melanonotus: Indien östlich der Unterart asiae in Sikkim, Assam, Bengalen und Manipur.

Halsbandfrankoline West-Indiens *(asiae)* sind erheblich kleiner als westliche Populationen. Die Farbsättigung nimmt ostwärts in Ost-Iran, Südwest-Afghanistan und Zentral-Belutschistan ab, um dann wieder weiter östlich zuzunehmen, wobei dieses neue Klin seinen Höhepunkt im Osten Indiens erreicht, wo *melanonotus*, die dunkelste aller Populationen, lebt.

Die Geschlechter sind verschieden gefärbt. Beim Hahn der Nominatform sind Stirn, Kopfseiten und Kehle schwarz, der Scheitel bis zum Nacken braun, ein großer Wangenfleck weiß und ein breites Halsband rotbraun; Mantel schwarz mit Weißfleckung, Vorderrücken und Flügelfedern ockerbraun mit schwarzen Federzentren; Hinterrücken bis Oberschwanzdecken und Schwanz schwarzweiß gebändert. Unterseite schwarz, auf den Flanken mit großen weißen Tropfenflecken; Unterschwanzdecken rotbraun. Schnabel schwarz, Beine orangerot, Läufe gespornt.

Der Henne fehlt das Schwarz des Kopfes und der Unterseite ganz; ein rotbrauner Nackenfleck, ein Superziliarband, Kinn und Kehle weiß; Brust und Flanken mit ockergelben, schwarz V-gemusterten und weiß gesäumten Federn, der Mittelbauch weiß.

Habitate der Art sind dichte Vegetation aus hohem Gras, Tamarisken- und Brombeergestrüpp sowie Deckung bietende Pflanzen der Kulturlandschaft, stets in Wassernähe. Der kilometerweit hörbare Revierruf der Hähne, ein kratzendes, raues „tschi-tscheri tschik tscheri“, wird während der Fortpflanzungszeit besonders während der Morgen- und Abendstunden, in mondhellen Nächten und vor Gewittern unermüdlich ausgestoßen. Das Gelege aus acht bis zehn gelblich olivfarbenen bis hellbraunen dickschaligen Eiern wird von der Henne in 18 bis 19 Tagen erbrütet. Die Küken werden vom Elternpaar gemeinsam aufgezogen und bleiben bis zum folgenden Frühjahr mit ihm zusammen. Im nördlichsten Teil seines Vorkommens, dem östlichen Transkaukasien, werden durch harte Winter oft bis zu 80 % des Bestandes vernichtet. Er erreicht jedoch nach milden Wintern und durch Zuwanderung aus dem Süden bald wieder die alte Stärke. Man kann dem Halsbandfrankolin als Jagdwild durch Wiedereinbürgerungen in den eurasiatischen Mittelmeerländern eine große Zukunft voraussagen, wenn Schonzeiten strikt eingehalten würden.

Tropfenfrankolin *(Francolinus pictus)*

Südlich des Verbreitungsgebietes von *F. francolinus* wird diese Art auf dem Indischen Subkontinent in Gudjerat, Süd-Uttar Pradesh, Nord-Madhiya Pradesh und auf Sri Lanka vom kleineren Tropfenfrankolin ersetzt, dessen beschriebene Unterarten *(pictus, pallidus, watsoni)* als klinale Varianten zu betrachten sind.

Die Geschlechter sind sehr ähnlich gefärbt. Bei Hähnen ist der Scheitel rostisabellfarben mit Schwarzstreifung der Federn; übrige Kopfteile rostrot, der Nacken ebenso gefärbt, dazu schwarz gefleckt; Mantel schwarz mit Weißfleckung; Vorderrücken schwarzbraun mit hellockergelber Federsäumung; Schulterfedern schwarz, breit rostisabellfarben gesäumt; Flügelfedern hellrostgelb, die Federn meist mit schwarzen Zentren versehen; Hinterrücken bis Schwanz schmal schwarzweiß gebändert; Hals isabellfarben mit schwarzer Dreiecksfleckung, die übrige Unterseite schwarz mit dichter weißer Tropfenfleckung. Unterschwanzdecken kastanienbraun. Schnabel dunkelbraun, Beine bräunlich orange, Läufe ungespornt. Hennen sind allgemein heller und zeichnen sich durch weiße Färbung von Kinn und Kehle aus.

Das Tropfenfrankolin bewohnt im Gegensatz zum Halsbandfrankolin trockenere Habitate, ist jedoch entlang der Arealgrenzen am 20. nördlichen Breitengrad sympatrisch. Hybridvögel sind dort nur selten gefunden worden. *F. pictus* schätzt welliges Grasland mit eingestreutem Buschwuchs und ist in Gudjerat auch mit dem Graufrankolin *(Ortygornis pondicerianus)* sympatrisch. Die Hähne rufen sehr ähnlich denen von *F. francolinus* „tschii-kii-kerray“. Vollgelege bestehen durchschnittlich aus sechs steingrauen oder olivgrauen Eiern, die heller sind als die von *F. francolinus*.

Perlhuhnfrankolin *(Francolinus pintadeanus)*

Die dritte Art der Gruppe, das Perlhuhnfrankolin, bewohnt Manipur, Ost-Burma, Thailand südwärts bis Prachuap, Indochina von Tonking bis Kambodscha und Südost-China in Jünnan, Kuangsi, Kwangtung bis Tschekiang sowie die Insel Hainan. Auf Luzon (Philippinen) ist es fest eingebürgert.

Zwei beschriebene Unterarten (*pintadeanus* in Südost-China, *phayrei* im übrigen Verbreitungsgebiet) können als geografische Kline betrachtet werden.

Die Geschlechter sind verschieden gefärbt. Beim Hahn sind die Stirn sowie ein von den Nasenlöchern über Augen und Ohrdecken ziehendes Band schwarz; Scheitel im Zentrum schwarz, von einem breiten rotbraunen Band umrahmt; Zügel, Wangen, Ohrregion, Kinn und Kehle weiß, von einem schwarzen Bartstreif durchzogen. Hals, Vorderrücken und Unterseite schwarz mit großen weißen, auf den Flanken hellrostgelben Tropfenflecken; Schultern und äußere Armschwingen rotbraun, Flügeldecken schwarz mit großen weißen und isabellgelben Tropfenflecken; Hinterrücken bis Schwanz schwarz und weiß gebändert. Schnabel schwarz, Beine hellorangegelb, Läufe gespornt. Bei der insgesamt viel helleren Henne ist die Unterseite schwarzweiß gebändert.

Unter den drei Tropfenfrankolinen hat sich diese Art am stärksten an trockene Habitate angepasst. Allgemein wird sie in offenen Trockenwäldern und Buschdschungeln sowie häufiger in Hügelgelände als Ebenen angetroffen. In Burma und Thailand bewohnt sie mit Ausnahme immergrüner Wälder fast alle Habitate bis in Höhen von 1500 m und ist außerdem zum Kulturfolger geworden. Mit Beginn der Fortpflanzungszeit schreien die Hähne ihren rauen, schrillen, fünfsilbigen Ruf heraus, der wie „kak kak kuich, ka ka“ klingt und alsbald von Nachbar-Revierhähnen beantwortet wird. Vollgelege enthalten durchschnittlich vier bis fünf isabellfarbene bis sattcremegelbe Eier.

Die Chinesen fangen dieses Frankolin alljährlich mit Lockhähnen in großer Zahl und halten sie in Bambuskäfigen, um sich an ihrer Rufstrophe zu erfreuen, deren Lautstärke aus so kurzer Entfernung bei Europäern vermutlich nach kurzer Zeit einen Nervenzusammenbruch verursachen würde.

Madagaskar-Frankoline *(Margaroperdix)*

Im Färbungsmuster Ähnlichkeiten mit den Tropfenfrankolinen weisen die Madagaskar-Frankoline, früher Madagaskar-Perlwachteln genannt, auf. Etwas kleiner als ein Rebhuhn sind sie durch den kurzen hohen Schnabel, relativ spitze Flügel, den 12-fedrigen, keilförmigen Schwanz sowie sporenlose Läufe charakterisiert.

Aufgrund seiner Zeichnung wurde das Madagaskar Frankolin – hier ein Paar – auch als Perlwachtel bezeichnet.

Nachdem Crowe und Crowe (1985) feststellten, dass das Skelett von *Margaroperdix* am meisten dem von Frankolinen ähnelt, sollte man den Vogel systematisch dort unterbringen und in die Nähe der Tropfenfrankolin-Gruppe stellen.

Madagaskar-Frankolin *(Margaroperdix madagarensis)*

Die einzige Art dieser Gattung ist das Madagaskar-Frankolin. Die Geschlechter sind verschieden gefärbt, die Eier lehmfarben mit dunkel- und rotbrauner Fleckung.

Beim Hahn sind Zügel und Kehle schwarz, ein Augenbrauen-/Schläfenring sowie ein Bartband weiß; Oberseite rotbraun, die Federn mit schmalen weißen, schwarz gesäumten Schaftstrichen; Kopfmitte rotbraun, Kopf-, Hals- und Kropfseiten grau; Unterkörper schwarz mit großen weißen Tropfenflecken, die Weichen rostrot mit schmalen, weißen, schwarz gesäumten Schaftstreifen. Hennen sind insgesamt hellbraun und schwarz gebändert mit schmaler, cremeweißer Federschäftung des Schultergefieders. Schnabel und Beine sind bei beiden Geschlechtern grau.

Die für Madagaskar endemische Art bewohnt Heidegebiete, Steppen und Sekundärbusch. Auf der Maskareneninsel Réunion seit Langem eingebürgert, bewohnen sie dort die Bergheidezone bis in 2400 m Höhe. Außerhalb der Brutzeit in Familienverbänden aus sechs bis zwölf Vögeln zusammenlebend, besetzen die Paare nach ergiebigen Regenfällen ihre Reviere und die Hähne verkünden ihren Revieranspruch mit lautem „kou kou kou". Gelege können sehr groß sein und aus bis zu 20 Eiern bestehen, die von der Henne in 21 Tagen erbrütet werden.

Das Madagaskar-Frankolin ist wiederholt importiert und gezüchtet worden und auch gegenwärtig in den Volieren europäischer Liebhaber vertreten. Eine heizbare Innenvoliere sollte vorhanden, die Außenvoliere gut bepflanzt sein. Da die Hähne mit beginnender Brutzeit Artgenossen gegenüber sehr aggressiv werden, darf man pro Auslauf nie mehr als ein Paar halten. Die Zucht ist einfach. Nach Entnahme des ersten Geleges bringt die Madagaskarhenne ein Zweit- und Drittgelege und kann unter Umständen bis zu 40 Eier legen, die am besten einem Kunstbrüter anvertraut werden. Die Kükenaufzucht ist unproblematisch und die Jungen wachsen schnell heran.

Hartlaub-Frankoline *(Chapinortyx, syn.: Francolinus)*

Hartlaub-Frankolin *(Chapinortyx hartlaubi)*

syn.: *Francolinus hartlaubi*

Das größenmäßig zwischen Wachteln und Rebhuhn stehende Hartlaub-Frankolin, eine für die Wüstenberge Süd-Angolas und Zentral-Namibias endemische Art, wurde noch von Hall (1963) zur Gruppe der Wellenfrankoline gestellt, was sich bei inzwischen besserer Kenntnis der Art als unzutreffend erwies. Aufgrund ihrer Untersuchungen kamen Crowe, Harley et al. (1992) zu dem Ergebnis, dass *C. hartlaubi* morphometrisch wie verhaltensspezifisch die von allen übrigen Frankolinen am weitesten getrennte Form sei und gleichsam ein Basal-Taxon in der Feldhühner-/Frankolinartengruppe darstelle. Es sei das einzige an ein hochspezifisches Habitat adaptierte von sämtlichen Frankolinen, verfüge über einen extrem komplexen, antiphonalen Revierruf und sei aus morphometrischer Sicht nächster Verwandter des Madagaskar-Frankolins *(Margaroperix)*.

Wie *Coturnix*-Wachtelhähne besitzen Hartlaubmännchen extrem große ovoide Hoden, zwei- bis dreimal größer als die jeder anderen Frankolinart. Die genetischen, morphometrischen und morpho-behavioristischen Daten lassen annehmen, dass *Chapinortyx*, falls es überhaupt ein Frankolin ist, das Resultat einer frühen Divergenz vom übrigen Frankolinstamm sein muss.

Die Geschlechter sind verschieden gefärbt. Beim Hahn zieht ein weißes Diademband um die Stirn und über die Augen bis zu den rötlich orangefarbenen

Ohrdecken und wird unten von einer schwarzen Binde gesäumt. Scheitel und Nacken graubraun, die Federn heller gesäumt; Kopfseiten, Kinn und Kehle weiß, jede Feder mit dunkelbraunem Schaftstrich; Ohrdecken fuchsrot; übrige Oberseite sehr dunkelgraubraun, die Federn dicht fuchsrötlich gestreift, gewellt und unregelmäßig gebändert, auf den Oberschwanzdecken in Isabellgelb übergehend; Schwanz schwarzbraun, unregelmäßig weiß gebändert. Kinn, Kehle, Brust, Oberbauch weiß, jede Feder mit dunkelbraunem Schaftstrich; übrige Unterseite ockergelb, stark fuchsrötlich verwaschen. Oberschnabel hornfarben, Unterschnabel gelblich, Beine gelb, Läufe mit doppeltem Spornrudiment. Bei den kleineren Hennen sind ein Überaugenband und das Gesicht rostrot, die Kropfregion ist verwaschen graublau, die übrige Unterseite rostgelb, die Federn mit helleren Säumen.

Die Art bewohnt Felsgelände mit zerklüfteten Schluchten, im Kaokoveld Namibias Granitkuppen der Ebene. Auf Futtersuche graben die Vögel mit ihrem kräftigen Schnabel besonders gern Zyperngrasknöllchen aus dem Boden. Mit Beginn der Brutzeit beteiligen sich beide Partner akustisch an der Revierverteidigung und rufen mit lauten kratzenden Gackertönen und hohem Quieken „korrack, kiirya, kju“. Wenigstens die 1. Note wird von der Henne ausgestoßen, die 2. und 3. manchmal mehrfach wiederholt. Insgesamt handelt es sich um einen antiphonalen Gesang.

Vollgelege bestehen aus nur zwei bis drei cremefarbenen Eiern, aus denen nach 23-tägiger Erbrütung die Küken schlüpfen. Die rudimentären Sporen der Hähne weisen auf akustische Revierbehauptung, die geringe Eizahl auf eine hohe Lebenserwartung hin. Hartlaub-Frankoline sind sehr ortstreu und halten sich das ganze Jahr hindurch im gleichen Revier auf. In ihrem meist baumlosen Habitat übernachten die Vögel auf Felsvorsprüngen.

Sumpffrankoline *(Limnocoliuns, syn.: Francolinus)*

Für die indischen Sumpffrankoline haben Crowe, Harley et al. (1992) den Gattungsnamen *Limnocolinus* gewählt. Von anderen Frankolinen unterscheiden sie sich durch den kleinen kurzen Schnabel, lange Zehen, einfarbig graubraune Handschwingen sowie die Anpassung an Feuchtgebiete. Die Geschlechter sind gleich gefärbt.

Sumpffrankolin *(Limnocolinus gularis)*

syn.: *Francolinus gularis*

Einzige Art der Gattung ist ein über rebhuhngroßer Vogel Nord-Indiens, wo die Tiere Überschwemmungsgebiete des Ganges und Brahamaputra nebst ihrer Zuflüsse von Zentral-Uttar Pradesh ostwärts bis Assam bewohnen.

Der Oberkopf ist braun, die Zügelregion, ein Überaugenband sowie die Gesichtsregion unterhalb der Augen und die vorderen Wangen sind weiß. Hinter dem Auge ein schmaler brauner Streif bis über die Ohrdecken; Oberseite vom Nacken zum Schwanz schmal und dicht dunkelbraun und cremegelb quer gebändert; Kinn, Kehle, hintere Wangen, Vorder- und Seitenhals rostrot; die pfeilförmig länglichen Federn der Unterseite im Zentrum cremeweiß mit schwarzem submarginalem Seitenband, dahinter rotbraunem Saumband; Unterschwanzdecken hellrostbraun. Schnabel schwarz mit hornweißer Spitze, eine schmale Orbitalhaut bläulich grün, die Beine sind orangegelb bis trübrot, die Läufe bei den Hähnen gespornt.

Habitate der Art sind lehmige, schilfreiche Alluvialebenen, die terais Nordindiens, welche 1600 km lang, 50 bis 60 km breit, vorwiegend mit bis 2 m hohen Gräsern nebst Schilf bewachsen sind und alljährlich überflutet werden. Bei hohem Wasserstand weichen die Sumpffrankoline auf trockeneres Wiesengelände aus. Geschickt waten sie durch Schlamm und Pfützen, tiefe Lachen überklettern sie auf überhängenden Schilfhalmen balancierend. Mittags- und Nachtruhe verbringen sie auf Bäumen, die auf Bodenerhebungen inmitten des überschwemmten Landes wachsen.

Mit Beginn der Brutzeit fechten die Hähne erbitterte Kämpfe um ihre Reviere aus und viele weisen zu dieser Zeit blutige Schrammen auf. Der Revierruf der Hähne besteht aus einzelnen einleitenden Gacker- und Glucklauten, auf die eine laute, raue Rufreihe folgt, die etwa wie „tschuckeroo-tschuckeruu-tschuckeruu" klingt und der Strophe des Graufrankolins ähnelt.

Vollgelege enthalten vier bis fünf ockergelbe bis grauockergelbe Eier, die in Uttar Pradesh angedeutete Braunfleckung, in Assam kräftige rotbraune Klecksfleckung aufweisen. Übrigens ist das Nest des Sumpffrankolins im Gegensatz zu den Nestern anderer Frankoline ein sorgfältig angelegter Bau aus Grashalmen und Krautpflanzen mit tiefer Mulde. Es steht oft nur wenige Zentimeter über der Wasserfläche auf kleinen Trockeninseln. Außerhalb der Brutzeit leben diese Frankoline in kleinen Familiengruppen aus fünf bis sechs Vögeln zusammen.

Rotfuß-Waldfrankoline *(Acentrortyx)*

Hierbei handelt es sich wieder um eine monotypische in Afrika beheimatete Gattung.

Rotfuß-Waldfrankolin *(Acentrortyx nahani)*

Das afrikanische Rotfuß-Waldfrankolin zeichnet sich durch geringe Größe, verlängerte Nackenbefiederung, die nackte Gesichtshaut, Sporenlosigkeit der Tarsi, sexuelle Monomorphie sowie dünnschalige Eier mit intensivem Sprenkelmuster aus. Die Tiere nisten über dem Erdboden.

Crowe, Harley et al. (1992) stellen fest, dass bei diesem heute noch biologisch praktisch unbekannten Vogel die systematische Stellung unklar sei. Es könne jedoch gesagt werden, dass die geringe Größe, die dunkle Gesamtfärbung und das gefleckte Gefieder wahrscheinlich kein Zeichen für eine nahe Verwandtschaft mit dem sympatrischen *Peliperdix lathami* sei, weil diese drei Attribute bei unter Tropenwaldbedingungen lebenden Arten häufige Anpassungserscheinungen an dieses Habitat wären.

Eine Möglichkeit wäre auch, dass *A. nahani* gar kein Frankolin sei, sondern wie einige andere Afro-Tropenwald-Taxa (*Afropavo, Xenoperdix, Tigriornis* usw.) eine Reliktform darstelle, die eng mit einem indomalaiischen Taxon verwandt sei. Ebenso könne man nicht ausschließen, dass die Art bei der vorhandenen Merkmalskombination in die Rebhuhnfrankolingruppe und dort in die Nähe der Schuppenfrankoline zu stellen sei.

Die Heimat des Rotfuß-Waldfrankolins sind Nordost-Kongo (früher Zaire) zwischen Aruwimi- und Semlikifluss sowie in einer disjunkten Population Regenwälder Süd-Ugandas am Nord-Ufer des Viktoriasees.

Die Geschlechter sind gleich gefärbt. Stirn-, Scheitel- und Nackengefieder sind braunschwarz; hintere Überaugenregion weiß gesprenkelt, Ohrdecken braunschwarz, oft weiß gesprenkelt; Wangen, Brust- und Halsseiten weiß, die Federn mit birnenförmiger Schwarzfleckung; Brust und Flanken ebenso, doch die Federn mit breiter weißer Seitensäumung, die sich auf den Flanken allmählich in Fleckung auflöst. Mantel, Schulter, Bürzel und Oberschwanzdecken olivbraun, zart schwarz wellengebändert, die Federn dazu mit großem schwarzem Subterminalfleck und isabellfarbenem Schaft. Flügeldecken braun mit schwarzer Wellenbänderung und isabellfarbenem Außenfahnenfleck. Schnabelbasis rot, die Spitze schwärzlich, die breite Orbitalhaut karminrot, Beine rosenrot, ungespornt.

Die Art lebt im Dämmerlicht dichter Primärwälder in Höhen bis 1400 m. Ein Nest mit vier Eiern wurde auf einem Baumstumpf etwa 1 m über dem Erdboden gefunden.

Bambushühner *(Bambusicola)*

Die fast rebhuhngroßen, südostasiatischen Bambushühner sind durch einen relativ schwachen Schnabel, runde Flügel, den ziemlich langen, gestuften 14-fedrigen Schwanz und die langen, kräftigen, bei beiden Geschlechtern spitz gespornten Läufe charakterisiert. Die Geschlechter sind recht ähnlich gefärbt. Das cremegelbe Ei ist außerordentlich dick- und hartschalig.

Aufgrund phänetischer Studien halten Crowe und Crowe (1985) die Bambushühner für nahe mit den Frankolinen verwandt. Die beiden Arten der Gattung bilden eine Allospezies.

Das Chinesische Bambushuhn bewohnt ganz unterschiedliche Habitate.

Chinesisches Bambushuhn *(Bambusicola thoracica)*

Vom Chinesischen Bambushuhn werden zwei Unterarten unterschieden:

B. t. thoracica: Süd-Schensi, Szetschuan bis Fokien und Kwangsi. Eingebürgert in Japan (Honshu, Seven Islands), Hawaii und im Staat Washington (USA).

B. t. sonorivox: Insel Taiwan.

Beim Hahn der Nominatform sind Stirn und Zügel grau, Scheitel und Nacken braun, die übrigen Kopfpartien und der Hals rostbraun; ein großer Kropffleck ist grau mit rostroter Säumung; Vorderrücken und Schultern braungrau, jede Feder mit kastanienbraunem Tropfenfleck, das Schultergefieder dazu mit kleinen weißen Rundflecken; Hinterrücken bis zu den Oberschwanzdecken olivbraun, dunkel quer gewellt. Schwanzmitte olivbraun, dunkelbraun gebändert, Schwanzseiten rostbraun. Flügeldecken braun, die großen mit kastanienbraunen Endflecken. Bauchseiten rostisabellfarben mit halbmondförmigen, rotbraunen Flecken; Bauchmitte und Unterleib sahnegelb.

Hennen sind auf den Schultern stärker weiß gefleckt und ohne Vorderrückenfleckung. Bei beiden Geschlechtern ist der Schnabel braungrau, die Beine sind grünlich grau. Bei der farblich sehr abweichenden Taiwan-Unterart *(B. t. sonorivox)* sind Stirn, Kopf, Hals und Brust mit Ausnahme des dunkelbraunen Mittelscheitels und Nackens sowie eines rotbraunen Bezirks auf Kinn und Kehle dunkelgrau. Im Vergleich mit der Nominatform ist die Oberseite dunkler mit größerer Weißfleckung auf Schultern und Flügeldecken, die Unterseite rostgelb mit großen, rotbraunen Flankenflecken.

Das sehr anpassungsfähige Bambushuhn bewohnt eine Vielzahl von Habitaten, wie Trockenbusch, Bambusdickichte, lichte Kiefernwälder und Kulturland von der Küstenebene bis ins Gebirge in Höhen von 2000 m. Während des ganzen Jahres kann man dort die unerhört lauten Schreie noch aus großer Entfernung hören. Sie klingen wie „gi-gi(sechsmal wiederholt)-gigerri-gigerri“ Die Partner sollen im Duett rufen, wobei die Schreie des Hahnes denen seiner Henne folgen. Männchen verteidigen nachhaltig ihre Reviere gegen Artgenossen.

Nester sind ausgescharrte Erdmulden im Schutz deckender Vegetation. Die Henne erbrütet ihr aus drei bis sieben Eiern bestehendes Gelege in 17 bis 18 Tagen.

Mehrere Familien schließen sich zu Gesellschaften von bis zu 20 Mitgliedern zusammen, die ein bestimmtes Winterterritorium gegen fremde Artgenossen verteidigen.

Die Chinesen haben seit alters her Bambushühner der Stimme wegen gekäfigt. Die laute, kreischende „Gesangstrophe“ ist für Europäerohren unerträglich und macht die Haltung von Bambushühnern wohl nur für Tiergärten unproblematisch. In bepflanzten Volieren schreiten diese Kleinhühner unschwer zur Brut. Erfolgen mehrere Bruten hintereinander, nehmen sich ältere Jungvögel der jüngeren Geschwister an und unterstützen die Elternvögel bei der Aufzucht.

Indisches Bambushuhn *(Bambusicola fytchii)*

Die zweite Art der Gattung, das Indische Bambushuhn, bewohnt West-China, Nordost-Indien, Birma und Nord-Indochina in zwei Unterarten:

B. f. fytchii: West-Szetschuan, Jünnan südwärts bis zu den Kachinbergen, den südlichen Shanstaaten und Tongking.

B. f. hopkinsoni: Berge südlich des Brahmaputra von Cachar und Sylhet bis Nord-Arrakan und zum Chingebirge.

Bei Hähnen der Nominatform sind Scheitel und Nacken rötlich braun; ein von der Schnabelwurzel entspringendes, über die Augen und Ohrdecken hinweg zum Seitenhals ziehendes Band cremegelb; ein hinter den Augen beginnender schmaler, schwarzer Streifen säumt das cremefarbene Band unterseits. Kinn, Kehle, Vorderhals blassrostfarben; Hinterhals blassbraungrau mit breiter, rotbrauner Streifung, eine Art Kragen bildend. Vorderrücken, Schultern, Flügeldecken und hintere Armschwingen grau, dazu dunkelbraun gestreift und mit schwarzen Federendflecken versehen. Hinterrücken bis Oberschwanzdecken graubraun wellengebändert. Schwanz braun und isabellfarben gebändert. Brust kastanienbraun mit grauen Federsäumen und weißen Spitzen. Flanken weiß mit großen schwarzen Halbmondflecken. Bauchmitte fahlbraun. Schnabel hornbraun, Beine grüngrau. Geschlechter fast gleich gefärbt.

Habitate der Art sind Bambusdschungel, offene Buschdickichte am Rande von Reisfeldern, Weideland am Fuß von Gebirgen, in Manipur auch niedriger Eichen- und Weidenwuchs, untermischt mit Elefantengras und Brombeerdickichten längs der Flussufer. Gebirge werden bis in Höhen von 2000 m besiedelt. Außerhalb der Brutzeit leben Familien aus fünf bis sechs Vögeln zusammen, die sich im März wieder trennen. Revierhähne flattern zur Balzzeit immer wieder auf einen Baumstamm oder Hügel, um von dort drei- oder viermal ihr schrilles „tschi-tschirri-tschi-tschirri, tschirri, tschirri“ herauszuschreien und dann zum Erdboden zurückzuflattern.

Indische Bambushühner sind bisher nur selten importiert und 1932 erstmalig in England gezüchtet worden. Der Tierpark Berlin erhielt die Art 1997 und züchtete sie.

Langschnabel-Waldrebhühner *(Rhizothera)*

Die indomalaiische Region ist die Heimat der fast rebhuhngroßen Langschnabel-Waldrebhühner, welche sich durch einen für Hühnervögel ungewöhnlich langen, kräftigen und sanft gebogenen Schnabel, kurze gerundete Flügel, einen längeren, 14-fedrigen Schwanz sowie lange, kräftige Beine mit Sporenrudimenten an den Läufen beider Geschlechter sowie die kurze Hinterzehe auszeichnen.

Langschnabel-Waldrebhuhn *(Rhizothera longirostris)*

Einzige Art der Gattung ist das Langschnabel- Waldrebhuhn von dem zwei Unterarten unterschieden werden:

R. l. longirostris: Süd-Birma (Tenasserim), Süd-Thailand, Malaysia, Sumatra, Nord-Borneo (Südwest-Sarawak, neuerdings auch in Sabah nachgewiesen).

R. l. dulitensis: Mt. Dulit und Buto Song (Sarawak) ostwärts bis zur Barito Drainage.

Die Geschlechter sind verschieden gefärbt. Bei Hähnen sind Scheitel und Nacken dunkelschokoladenbraun, die übrigen Kopfpartien und der Oberhals hellrostbraun; ein schmales schwarzes Band zieht von der Nasenbasis über die Augen und einen nackten, mennigeroten Hinteraugenfleck hinweg, um sich dort mit einem weiteren schwarzen Band, das über die Ohrdecken zieht, zu vereinigen. Hinterhals grau mit breit samtschwarz gesäumten Federn; Vorderrücken rotbraun mit schwarzer Klecksfleckung und rostbrauner Säumung der Federn; Seitenrückenfedern mit hellisabellgelbem Mittelstreifen, Unterrücken und Bürzel isabellgelb mit hellgrauer Wellenbänderung; Schulterfedern isabellgelb mit rostbrauner Säumung und Grausprenkelung; innerste Armschwingen kastanienbraun, dunkelrot gesäumt und auf den Innenfahnen schwarz gefleckt; äußere Armschwingen isabellgelb mit braunen Binden. Mittelhals und Kropfregion blaugrau; Oberbauch und Flanken rostisabell, Unterbauch weiß. Schnabel dunkelgrau, Beine zitronengelb.

Die insgesamt helleren Hennen sind leicht am Fehlen der blaugrauen Färbung der Hals-/Kropfregion, die bei ihnen hellrostrot ist, zu erkennen.

Habitate der Art sind trockene, dichte Dschungelwälder mit eingestreuten Bambushainen in der Submontanregion von Gebirgen bis in Höhen von 1200 m. Die Stimme des Hahnes ist ein wie „kanking“ klingender schriller Pfiff. Die Paare rufen antiphonal: Auf drei Pfiffe des einen Vogels folgen unmittelbar zwei des Partners in höherer Tonlage. Die Strophe wird hauptsächlich frühmorgens, in der Abenddämmerung und während der Nacht gehört, woraus man auf eine teilweise nächtliche Aktivität der Vögel schließt. Das bislang einzige bekannte Nest wurde in einem Bambusdickicht gefunden und enthielt zwei weiße Eier. In Menschenobhut gehaltene Langschnabelwachteln legten zwei bis fünf Eier, die von der Henne in 18 bis 19 Tagen erbrütet wurden.

Augenwachteln *(Caloperdix)*

Zu den Waldrebhühnern im weiteren Sinne scheint die monotype Gattung der Augenwachteln zu gehören. In der Größe zwischen Wachteln und Rebhuhn stehend, sind sie durch gerundete Flügel, den 14-fedrigen Schwanz, ein bis zwei Sporen an den Läufen der Hähne sowie die stark verkümmerte Hinterkralle charakterisiert. Die Geschlechter sind gleich gefärbt.

Augenwachtel *(Caloperdix oculea)*

Von der einzigen Art, einer Bewohnerin tropischer Wälder Thailands, Süd-Malaysias, Sumatras und Borneos, wurden drei Unterarten beschrieben:

C. o. oculea: Südost-Thailand, südliche Malaiische Halbinsel.

C. o. sumatrana: Sumatra.

C. o. borneensis: Borneo im Kelabit Hochland zum Usan Apa-Plateau und Dulit (Mt. Magdalena); am Kinabaluberg fehlend.

Bei beiden Geschlechtern sind Oberkopf und Nacken kastanienbraun, der Vorderrücken schwarzweiß gebändert; Hinterrücken bis zu den Oberschwanzdecken schwarz mit rotbrauner Pfeilfleckung; Flügeldecken olivbraun, die Federn mit großen schwarzen Rundflecken; Kehle cremegelb, Kopfseiten hell rostfarben, die Brust hellkastanienbraun; Seiten und Flanken schwarz und rostrot gebändert, die Hinterflanken mit schwarzen Rundflecken, der Unterbauch cremefarben. Schnabel schwarz, Beine hellapfelgrün.

Die Art bewohnt unterschiedliche Habitate, im Norden der Malaiischen Halbinsel häufig Bambusdschungel bis in Höhen von 900 m, auf Sumatra Dschungel der Ebenen und Berge bis 1000 m aufwärts, und ist auf Borneo ein Gebirgsbewohner. Hähne stoßen acht bis neun sich dauernd beschleunigende und in der Tonhöhe ansteigende Pfiffe aus, die mit einem zwei- bis viermal wiederholten „e-terang“ enden. Darauf antworten die Hennen mit etwa 20 noch schneller ausgestoßenen, ebenfalls die Tonleiter aufwärts gleitenden Pfiffen.

Das Nest ist eine Kammer aus Pflanzenmaterial mit Seiteneingang. Vollgelege enthalten acht bis zehn reinweiße Eier mit glänzender Schale, aus denen nach 18- bis 20-tägiger Bebrütung die Küken schlüpfen. Sie werden von beiden Eltern aufgezogen. Gern versammeln sich Gruppen aus bis zu 20 Mitgliedern unter fruchtenden Feigenbäumen, um herabgefallene Früchte zu fressen.

Rotkopfwachteln *(Haematortyx)*

Eine für Kleinhühner ungewöhnliche Färbung kennzeichnet die Rotkopfwachteln, die außerdem durch den kurzen Schnabel, runde Flügel, einen kurzen runden, 12-fedrigen Schwanz sowie den bei Hähnen mit zwei bis drei, bei Hennen mit einem oder gar keinem Sporn bewehrten Läufen charakterisiert sind.

Rotkopfwachtel *(Haematortyx sanguiniceps)*

Einzige Art der Gattung ist die Rotkopfwachtel von Borneo. Beim Hahn sind Kopf, Kehle, Kropf und die langen Unterschwanzdecken dunkelkarminrot, die übrigen Gefiederteile schwarzbraun, Schnabel und Augenwachshaut gelb und die Beine graublau.

Bei der Henne sind Scheitel, Gesicht und Kinn schwärzlich karminrot, Kehle, Brust und Unterschwanzdecken rostrot, die übrigen Gefiederteile schieferbraun; Schnabel braun, Augenwachshaut graublau, Beine graublau.

Die Art ist ein weit verbreiteter Bewohner der Nebelwaldzone Sarawaks in Höhen zwischen 500 und 1700 m. Dort ist ihr Vorkommen auf Baumheidewälder, auf Sandböden stockende Wälder in Talkesseln und Senken der Bergplateaus beschränkt.

Die Stimme ist ein mehrmals wiederholtes „kak kak kak, pom-prang, pom-prang“ von dünnem metallischem Klang. Die Nahrung besteht aus Beeren und Insekten. Ein aufgefundenes Nest war aus trockenen Blättern geformt und stand erhöht auf einer Grasstaude. Wahrscheinlich wird nur ein Ei von milchkaffeebrauner Farbe und wie mit Umberbraun beschmiert gelegt und von der Henne in 24 Tagen erbrütet. Beide Eltern ziehen das Küken groß. Dieses kann nach fünf Tagen fliegen und übernachtet aufgebaumt unter einem Flügel der Mutter.

Waldrebhühner *(Arborophila, Tropicoperdix, Xenoperdix)*

Waldrebhühner sind Waldbewohner der südostasiatischen Tropen und Subtropen und wurden 1991 in einer Art auch in Ostafrika entdeckt. Größenmäßig stehen sie zwischen Rebhühnern und Wachteln, ohne jedoch mit diesen näher verwandt zu sein. Die Körperform ist rundlich bis oval. Kurze runde Flügel erlauben ihnen geschickte Kurzstreckenflüge durch das Pflanzendickicht des Waldes und zum nächtlichen Aufbaumen. Der bei *Arborophila* kurze, bei *Tropicoperdix* und *Xenoperdix* längere, 14-fedrige Schwanz wird für diese Hühnchen ganz typisch abwärts und schräg einwärts getragen. Die bei einigen Arten nur dünn befiederte rote Kehlhaut wird während des Rufens gedehnt und scheint dann als Farbsignal zu dienen.

Die sporenlosen Läufe sind im Vergleich zum Rumpf länger als bei Rebhühnern und Wachteln. Die Hinterfläche des Tarsus weist ein netzförmiges Muster auf. Die langen Vorderzehenkrallen sind fast gerade, die Hinterzehenkralle ist nur klein und kurz. Geschlechtsdimorphismus ist bei einigen Arten stark ausgeprägt, fehlt aber bei anderen ganz.

Waldrebhühner sind monogam und leben außerhalb der Brutzeit in Familien zusammen. Zur Fortpflanzungszeit verkünden die Paare ihren Revieranspruch durch laute antiphonale Rufserien. Nester sind aus weichem Pflanzenmaterial mit baldachinartiger Decke und tunnelartigem Seiteneingang konstruierte Bauten, doch wurden nach den Möglichkeiten der Erbauer auch einfache Nestmulden gefunden. Die aus drei bis fünf reinweißen, dichtporigen Eiern bestehenden Gelege werden von der Henne in 20 bis 24 Tagen erbrütet. Der Hahn hält Wache am Nest und betreut zusammen mit der Henne die Küken.

Mehrere Waldrebhuhnarten wurden importiert und gezüchtet. Ihre Haltung ist sehr empfehlenswert.

DIE WALDREBHUHNARTENGRUPPEN

Die Waldrebhuhnarten aufgrund von Färbungsgemeinsamkeiten zu Gruppen zusammenzufassen, hat Davison (1982) versucht, und kam dabei zu folgender Einteilung:

- *Graubrüstige Formen mit den Arten* A. torqueola, A. rufipectus, A. mandellii, A. gingica, A. rufogularis, A. atrogularis, A. crudigularis, A. ardens, A. javanica *und* A. orientalis.
- *Braunbrüstige Formen mit den Arten* A. brunneopectus, A. davidi, A. cambodiana, A. hyperythra *und* A. rubrirostris.
- *Die auch als Vertreter einer selbstständigen Gattung* (Tropicoperdix) *aufzufassenden Waldrebhühner der Schuppenbrustgruppe mit der Superspezies* T. charltonii.
- *1991 kam dazu noch die ostafrikanische Gattung* Xenoperdix.

Hügelhuhn *(Arborophila torqueola)*

Der bekannteste Vertreter der Graubrust-Gruppe ist das Hügelhuhn mit einer kontinuierlichen Verbreitung von Nordwest-Indien (Himachal Pradesh, Uttar Pradesh) im Westen über Assam, Burma, Süd-China und Nordwest-Tongking (Vietnam) im Osten.

Von ihm wurden vier Unterarten beschrieben, deren Unterschiede im klinalen Variationsbereich liegen dürften:

Das Hügelhuhn gehört zu der sogenannten Graubrust-Gruppe.

A. t. torqueola: Himalaja von West-Nepal ostwärts bis Süd-Tibet, Nord-Birma und Nordwest-Jünnan.

A. t. millardi: West-Himalaja von Chamba in Himachal Pradesh und Garwhal in Uttar Pradesh ostwärts bis West-Nepal, wo Mischpopulationen mit der Nominatform leben.

A. t. batemani: Kachin- und Chinberge Ober-Birmas bis Südwest-Szetschuan und Nordwest-Jünnan in Süd-China, wo beide Unterarten ineinander übergehen.

A. t. griseata: Nordwest-Tonking.

Die Geschlechter sind verschieden gefärbt. Beim Hahn sind Oberkopf und Wangen rotbraun, der Zügel und ein durch die Augen ziehendes Band schwarz; ein weißlicher Bartstreif; Kinn und Kehle schwarz, auf Seiten- und Hinterhals mit Weiß vermischt. Ein breites weißes Halsband endet auf dem Seitenhals. Rücken olivbraun, auf der Vorderhälfte mit schmaler Schwarzsäumung der Federn, auf der Hinterhälfte mit großen schwarzen Dreieckflecken, Oberschwanzdecken schwarz mit olivbrauner Säumung. Flügeldecken und Armschwingen olivbraun mit schwarzen Klecksfarben. Brust dunkelolivbraun, die Flanken kastanienbraun mit weißer Pfeilfleckung, der Mittelbauch cremeweiß; Unterschwanzdecken rostgelb, schwarz gebändert. Schnabel schwarz, Orbitalring karminrot, Beine fleischfarben.

Hennen haben einen olivbraunen Oberkopf mit hellockergelbem Superziliarband, einen hellrostgelben Kehlfleck mit kräftiger Schwanzstrichelung und den Rücken olivbraun mit schwarzen Federzentren, ein Schuppenmuster bildend. Unterseite wie beim Hahn gefärbt.

Habitate der Art sind dichte Wälder mit reichlichem Unterwuchs auf hügeligem und gebirgigem Gelände in Höhen zwischen 1500 und 2700 m. Während der Brutzeit singen die Paare antiphonal, wobei ein Partner mit schrillem, lang anhaltendem „kwikwikwikwikkwik“ einsetzt, der andere mit einer Serie von „duiit“ Pfiffen anschließt, um schließlich abrupt zu enden. Nester sind meist durch oben mit dem Schnabel zusammengezogene Grashalme entstandene Baldachinkammern, in denen die Henne ihr aus drei bis fünf Eiern bestehendes Vollgelege in 20 bis 21 Tagen erbrütet. Der Hahn bewacht das Nest und beteiligt sich an der Kükenaufzucht. Sobald die Jungen einigermaßen flugfähig sind, übernachtet die Familie hoch auf Baumästen. Jungvögel sind im Alter von sechs Wochen selbstständig und bleiben mit den Eltern bis zur nächsten Brutsaison zusammen.

Szetschuan-Waldrebhuhn *(Arborophila rufipectus)*

Mit dem Hügelhuhn eng verwandt und von manchen Ornithologen nur als Unterart desselben betrachtet, ist das Szetschuan-Waldrebhuhn aus der gleichnamigen chinesischen Provinz, wo es im Süden ein kleines Gebiet von etwa 3500 m^2 bewohnt.

Die Geschlechter sind verschieden gefärbt. Bei Hähnen ist das Gesicht einschließlich der Stirn, eines Streifens über den Ohrdecken und des Kinns schwarz; Vorderscheitel weiß, Mittel-, Hinterscheitel und Nacken rostbraun, die Wangen rostrot. Oberseite wie beim Hügelhuhn gefärbt. Kehle und Vorderhals weiß, die Oberfläche der Ersteren mit schwarzer Längsstreifung; Seitenhals hellrostbraun mit Schwarzstreifung, ein breites Brustband rotbraun; Flanken grau mit rostbrauner Längsbänderung, der Bauch weiß. Schnabel schwarz, die Augenwachshaut rot, Beine schwarz. Hennen wurden erst 1960 entdeckt. Sie sind von den Hennen des Hügelhuhns kaum zu unterscheiden.

Die seltene Art bewohnt Laubwälder, Bambusdschungel und dichten Busch in Berglagen zwischen 1200 und 1500 m Höhe. Die Stimme des Hahnes ist ein immer wieder ausgestoßener Pfiff mit steigender Tonhöhe, ferner eine schnell wiederholte Serie von Doppelpfiffen. Die Brutzeit währt von April bis Juni. Gelege bestehen aus fünf bis sechs Eiern. Da das Abholzen der von dem Hühnchen bewohnten Laubwälder bereits beschlossen ist und an ihrer Stelle schnellwüchsige Nadelholzkulturen gepflanzt werden, auch keine Schutzgebiete für die sehr seltene Art bestehen, ist mit ihrem baldigen Aussterben zu rechnen.

Rotbrust-Waldrebhuhn *(Arborophila mandellii)*

Diese Art kommt nördlich des Brahmaputra im indischen Staat Arunchal Pradesh sowie in Sikkim, Bhutan und Südost-Tibet vor.

Die Geschlechter sind gleich gefärbt. Scheitel und Nacken sind dunkelkastanienbraun. Über den Augen beginnend, zieht ein schmaler grauer Überaugenstreif zum Hinterhals, diesen umrundend; ein weiteres rotbraunes Band darunter verläuft von der Stirn zum Nacken und geht in die ebenso gefärbten übrigen Kopf- und Halspartien über. Die Bartregion, Seiten und Hinterhals weisen V-förmige schwarze Kleinfleckung auf. Ein auffälliger weißer Halbmondfleck befindet sich auf der Vorderkehle, darunter ein schmales schwarzes Band. Oberseite dunkelolivbraun, das Schultergefieder mit schwarzen Mittelflecken, die Flügeldecken rotbraun mit ebensolcher Fleckung. Brust mausgrau, die Flanken rotbraun mit V-förmiger Weißfleckung, Mittelbauch und Unterschwanzdecken cremeweiß. Schnabel schwarz, Orbitalhaut und Beine rot.

Habitate der Art sind dichte Gebirgswälder in Höhen zwischen 900 und 1800 m mit Bächen und Flüssen. Die Gesangstrophe beginnt mit einem tiefen langen Pfiff, an den sich unmittelbar eine Serie immer höher werdender Doppelpfiffe anschließt, die abrupt endet und dem Gesang von *A. torqueola* sehr ähnlich ist. Ein aufgefundenes Nest enthielt vier weiße Eier. Die Inkubationszeit soll 24 Tage betragen.

Fukien-Waldrebhuhn *(Arborophila gingica)*

Nur in China lebt das Fukien-Waldrebhuhn, das im Südosten dieses Landes Zentral-Fukien, Nord-Kwangtung sowie Yao Shan in Kwangsi bewohnt und auf Taiwan eingebürgert wurde. Es ist eng verwandt mit *A. rufogularis* und *A. mandellii* und dürfte mit diesen eine Superspezies bilden, zumal die drei Arten allopatrisch sind.

Die Geschlechter sind gleich gefärbt. Die weiße Stirn geht oberhalb der Augen in ein weißes, schwarz getüpfeltes Überaugenband über, das über die Ohrdecken nach hinten zieht und den Nacken umrundet. Dieser und der Scheitel sind rotbraun mit Schwarzfleckung; ein schmaler Streifen über den Ohrdecken ist schwarz; Kinn, Kehle, Wangen und Hals sind hellorangebraun, Seitenhals und

Das Fukien-Waldrebhuhn wird in China auch häufig in Menschenobhut gehalten.

Kropf in schmalen Längsstreifen schwarz gesprenkelt; darunter ein breites, bis zum Nackenrand reichendes schwarzes Kropfband, das unterseits von einem schmalen weißen, darunter breiteren rotbraunen Band gesäumt wird. Oberseite olivbraun, vom Unterrücken zu den Oberschwanzdecken dazu mit schwarzen Federzentren; Schultern und Flügel rotbraun, die Federn mit schwarzen Endflecken. Brust und Flanken mausgrau, Letztere mit rotbraunen Längsstreifen; Bauch grauweiß, Unterschwanzdecken ockergelb gebändert. Schnabel schwarz, Orbitalring und Beine karminrot.

Das Habitat der Art ist dicht bewaldetes Bergland in Höhen zwischen 700 und 900 m. Während der Dämmerung kurz vor dem nächtlichen Aufbaumen stoßen die Vögel eine Strophe aus lauten, rauen, immer höher werdenden Pfiffen aus. Vollgelege enthalten fünf bis sieben weiße Eier. Die Art ist das häufigste Waldrebhuhn in China und wird dort oft gehalten.

Rotkehl-Waldrebhuhn *(Arborophila rufogularis)*

Das Rotkehl-Waldrebhuhn bewohnt die Himalajagebiete von Kumaon, Gharwal, Nepal, Sikkim und Assam, ferner Manipur, Tschittagong, Birma, Nordwest-Thailand, Vietnam, Nord- und Mittel-Laos und in Südchina Nordwest- und Süd-Jünnan. Sieben Unterarten werden unterschieden:

A. r. rufogularis: Uttar Pradesh und Gharwal bis zu den Mischmibergen Assams.

A. r. intermedia: Arrakan Yomas, die Kachinberge (Birma), Nordwest-Jünnan (Süd-China).

A. r. tickelli: Südliche Shanstaaten und Tenasserim (Birma), Thailand, Süd-Laos.

A. r. euroa: Südost-Jünnan bis Nord-Laos.

A. r. laotiana: Nord-Laos, Nord-Vietnam.

A. r. guttata: Annam (Zentral-Vietnam).

A. r. annamensis: Süd-Vietnam im Lanbien-Gebiet.

Geschlechter wenig verschieden gefärbt. Oberkopf olivbraun. Ein Superziliarband, Unteraugenregion und Wangen weiß mit Schwarzstrichelung; Seitenhals und untere Wangenregion hellrostrot mit Schwarzsprenkelung, Kinn und Kehle schwarz. Quer über den Hals zieht ein breites rostrotes Band. Rücken olivbraun, Bürzel und Oberschwanzdecken dazu mit schwarzer Keilfleckung. Flügeldecken und Armschwingen trüb ockergelb mit schwarzer Tropfenfleckung. Kropf und Brust schiefergrau, die Flanken mit breiten rotbraunen Längsbändern und weißen Tropfenflecken. Bauch weiß, die Unterschwanzdecken rostgelb mit Schwarzbänderung. Schnabel schwarz, Orbitalhaut karminrot, Beine lachsrosa.

Die Art bewohnt immergrüne Bergwälder mit dichtem Unterwuchs in Höhen zwischen 300 und 2600 m. Wo *A. rufogularis* und *A. torqueola* im gleichen Gebiet vorkommen, soll *A. rufogularis* in niedrigere Lagen ausweichen. Das Rotkehl-

Waldrebhuhn wird außerhalb der Brutzeit in Gruppen aus fünf bis zwölf Tieren angetroffen, die leise pfeifend untereinander Kontakt halten. Aus den Brutgebieten wurden zwei verschiedene Gesangtypen analysiert, deren Bedeutung jedoch nicht bekannt ist. Die Gelegegröße liegt bei durchschnittlich vier weißen Eiern, deren Erbrütung 20 bis 21 Tage benötigt. Zwei Bruten jährlich kommen vor, wobei in einem Fall die insgesamt zehn Jungen bis zum nächsten Frühjahr mit den Eltern zusammenblieben.

Weißwangen-Waldrebhuhn *(Arborophila atrogularis)*

Diese Art bewohnt Assam, die Tschittagong-Region von Bangladesch und ist ostwärts bis Nord-Birma sowie den äußersten Westen Jünnans (China) verbreitet.

Die Geschlechter sind gleich gefärbt. Scheitel olivbraun, Nacken gelbbraun; Stirn grau, in ein weißes Überaugenband übergehend, das auf dem Nacken endet. Zügel, Augenumgebung, ein die weißen Wangen säumendes Band, Kehle und Kinn schwarz; Rücken bis zu den Oberschwanzdecken olivbraun mit Schwarzbänderung, Schultern, Flügeldecken und Armschwingen dazu mit schwarzen Subterminalflecken der Federn; Kropf schwarz und weiß längs gestreift, Brust und Flanken grau, die Federn der Letzteren dazu rotbraun gesäumt und mit weißen Tropfenflecken ausgestattet. Bauch weiß, die Unterschwanzdecken rotbraun und schwarz gebändert. Schnabel schwarz, Orbitalhaut rot, Beine rosa.

Habitate sind Ebenen und Bergwälder bis in Höhen von 1500 m, Bambusdschungel, gestrüppreiches Hügelland sowie Deckung bietende Getreide- und Baumwollfelder, wohin sich das Weißwangen-Waldrebhuhn als einzige Art der Gattung *Arborophila* begibt. Der besonders während der frühen Morgen- und Abendstunden zu hörende Ruf der Hähne ist ein langer, klagender Doppelpfiff „hiu-hiu", der viele Male wiederholt wird und abrupt mit einem höheren, schärferen Einzelpfiff endet. Die Strophe soll unter Umständen kilometerweit zu hören sein. Einfache wie überdachte Nester wurden gefunden. Vollgelege enthalten drei bis fünf weiße Eier.

Weißkehl- oder Taiwan-Waldrebhuhn *(Arborophila crudigularis)*

Die Insel Taiwan, vor der Küste Süd-Chinas gelegen, beherbergt als endemische Art das Weißkehl- oder Taiwan-Waldrebhuhn. Bei ihm sind die beiden Geschlechter gleich gefärbt. Der Scheitel ist dunkelbraun mit Schwarzfleckung. Von der Stirn zieht ein schmales, oft nur angedeutetes und von schwarzen Sprenkeln unterbrochenes Superziliarband über die Ohrdecken hinweg zum Nacken. Ein schwarzes Band erstreckt sich von der Schnabelbasis ober- und unterhalb der Augen über die Ohrdecken und umrundet als auf der Vorderkehle vielfach unterbrochener Ring das Isabellweiß von Kinn, Kehle, Ohrdecken und Wangen; darunter ein weißes Vorderhalsband, das auf Seiten- und Hinterhals in ein rostbraunes Band mit schwarzer Tropfenfleckung übergeht. Oberseite olivbraun mit schwarzer

Schuppenbänderung. Brust und Flanken mausgrau, Letztere dazu mit sparsamer Weißstrichelung; Bauch und Unterschwanzdecken weiß. Schnabel schwarz, ein Orbitalring rot, die dünn befiederte Kehlhaut rot und nur beim Rufen des Vogels in gedehntem Zustand sichtbar, Beine rot.

Die Art bewohnt dichtes Unterholz immergrüner Laubwälder in Gebirgslagen von 1000 bis 3000 m. Die Brutsaison währt von März bis August. Vollgelege aus vier bis sechs weißen Eiern werden von der Henne in 20 bis 21 Tagen erbrütet. Die Todesrate der Küken scheint hoch zu sein, denn Paare mit mehr als einem Jungen werden selten angetroffen.

Recht eindrucksvoll ist das Stimmrepertoire dieser Art. Die Rufserie setzt mit einer Serie klarer, immer höher werdender Töne ein und geht schließlich in laute, sich wiederholende Pfiffe über, die weit über die Gebirgstäler hinweg schallen. Da andere Paare darin einfallen, hallen die Bergwälder bei Tagesanbruch und in der Abenddämmerung von einem Chor rufender und pfeifender Waldrebhühner wider. Die taiwanesische Regierung hat Maßnahmen zum Schutz dieser mancherorts seltenen Art erlassen.

Hainan-Waldrebhuhn *(Arborophila ardens)*

Nahe verwandt mit *A. atrogularis* dürfte das Hainan-Waldrebhuhn von der gleichnamigen chinesischen Insel im Golf von Tongking sein. Bei ihm sind die Geschlechter gleich gefärbt. Der Scheitel ist dunkelolivbraun. Ein auffälliger weißer Superziliarstreif beginnt über den Augen, zieht über die Ohrdecken hinweg und endet auf dem Nacken. Stirn, Zügel, Kopfseiten, Kinn und Kehle sind schwarz, ein großer Ohrfleck weiß. Oberseite olivbraun mit schwarzer Wellenbänderung. Auf Vorderhals und Kropf befindet sich ein lachsroter Halbring aus steifen, haarähnlichen, glänzenden Federn. Brust und Flanken sind grau, Letztere mit weißer Längsstreifung, Bauch und Unterschwanzdecken weiß. Schnabel schwarz, Orbitalhaut und Beine rot.

Habitate der Art sind dichte, von Bambushainen durchsetzte Wälder auf niedrigem Hügelgelände. 1989 war die sehr seltene Art noch vorhanden, ist aber durch das fortschreitende Abholzen der Hainanwälder aufs Höchste gefährdet. Zu hoffen ist nur, dass sich die Tiere an dichten Sekundärwuchs gewöhnen können. Über die Fortpflanzungsbiologie ist nichts bekannt.

Java-Waldrebhuhn *(Arborophila javanica)*

Eine für Java endemische Art ist das Java-Waldrebhuhn von dem drei Unterarten unterschieden werden:

A. j. javanica: Gebirge West-Javas.

A. j. bartelsi: Gebirge Zentral-Javas und äußerster Nordwesten von West-Java.

A. j. lawuana: Gebirge Zentral-Javas (Gunung Lawu östlich Surakartas).

Das Java-Waldrebhuhn ist auf Java endemisch.

Die Geschlechter sind gleich gefärbt. Scheitel rotbraun, Stirn, ein Überaugenband, Kinn, Kehle, Ohrdecken und Hals rostgelb; ein schwarzes Band nimmt den Zügel ein, zieht um die Augen herum über die Ohrdecken, um sich dahinter in zwei Teile zu spalten, von denen der eine die Wangen umrundet und über die Kehle abwärts zum Kinn verläuft, während der andere den Seitenhals herabzieht und den Hals umrundet; Nacken schwarz mit rostgelbem Zentrum, der Rücken bis zu den Oberschwanzdecken dunkelgrau mit Schwarzsäumung der Federn; Schultern und Großteil der Flügeldecken rotbraun mit breiten schwarzen Subterminalbändern und Klecksflecken; Kropf mausgrau, Brust und Flanken rotbraun, der Mittelbauch weiß; Unterschwanzdecken rostgelb. Schnabel schwarz, nackte Orbitalhaut und Beine rot.

Die Art kommt nicht selten in Bergwäldern zwischen 1000 und 3000 m Höhe vor. Die rallenartige Pfeifstrophe, ein monotones, gedämpftes „tong tong tong" wird während des Vortrages immer schneller und steigt in der Tonhöhe an, um mit einem oft wiederholten, klaren lauten „tü tü tü" (des Partners?) abrupt zu enden. Das Nest, ein kuppelförmiger Bau mit oben dachförmig zusammengezogener Decke, enthält als Vollgelege zwei bis vier, im Durchschnitt drei weiße Eier.

Nacktkehl-Waldrebhuhn *(Arborophila orientalis)*

Diese Art ist mit vier Unterarten über Gebirge der Malaiischen Halbinsel, Mittel- und West-Sumatra sowie Ost-Java verbreitet.

A. o. orientalis: Ost-Java.
A. o. campbelli: Malaiische Halbinsel.
A. o. rolli: Nordwest-Sumatra.
A. o. sumatrana: Zentral-Sumatra.

Nach Medge und McGowan (2002) soll es sich bei zwei der Unterarten um eigene Arten handeln, nämlich ***Arborophila campbelli*** und ***Arborophila sumatrana.***

Die Geschlechter sind gleich gefärbt. Die Unterarten variieren vor allem in der Kopffärbung beträchtlich. Allen gemeinsam sind nach Johnsgard (1988) die graue

Hierbei handelt es sich um ein Waldrebhuhn der Art Arborophila sumatrana.

oder graubraune Brust, schwarzweiß gefleckte Flanken sowie ein überwiegend schwarzes Kopfgefieder mit weißen Ohrdecken. Gewöhnlich ist über dem Zügel ein weißer Bezirk vorhanden, der bei *sumatrana* fehlen kann, während bei *orientalis* ein breites Überaugenband, Kinn, Kehle, Wangen und Ohrdecken weiß sind. Doch scheint die Ausdehnung der Weißkomponente des Kopfgefieders bei dieser Unterart individuell und vielleicht altersmäßig zu variieren. Kinn und Oberkehle sind bei *sumatrana* und *orientalis* stets weiß, bei *campbelli* und *rolli* schwarz. Das Unterkehlgefieder ist bei *A. orientalis* in vertikal verlaufenden Reihen angeordnet und lässt die rote Kehlhaut durchschimmern. Das Flankengefieder ist grauschwarz bis olivbraun mit weißer *(orientalis, rolli, sumatrana)* oder rostgelblicher *(campbelli)* Fleckung und schwarzer Bänderung. Rückengefieder dunkelolivbraun mit Schwarzbänderung, die Flügeldecken mit breiter schwarzer und orangegelber Bänderung. Schnabel schwarz, Orbital- und Kehlhaut zinnoberrot, Beine rosa.

Habitate aller Unterarten sind Montanwälder, dichte Dschungel, Sumpf- und Flussuferwaldungen in Höhen zwischen 1100 und 1500 m, auf Sumatra bei 900 m. Der Reviergesang setzt mit einzelnen Pfiffen ein und geht danach in zwitschernde, immer lauter werdende Doppelpfiffe „wut-wut, wut-wut . . .“ über. Von der Brutbiologie ist noch sehr wenig bekannt.

Braunbrust-Waldrebhuhn *(Arborophila brunneopectus)*

Beginnen wir bei der Beschreibung der „Braunbrustgruppe" mit dem Braunbrust-Waldrebhuhn, das in Birma, Südwest-China, Nordwest- und Südwest-Thailand, Laos und Vietnam beheimatet ist.

Drei Unterarten werden unterschieden:

A. b. brunneopectus: Südwest-Jünnan südwärts bis Thailand.

A. b. henrici: Nord- und Mittel-Vietnam in Tongking und Annam.

A. b. albigula: Süd-Vietnam (Süd-Annam).

Die Geschlechter sind gleich gefärbt. Bei der Nominatform ist der Scheitel olivbraun mit schwarzen Federspitzen, der Nacken schwarz. Die Stirn und ein breites, über die Ohrdecken zum Nacken ziehendes Band cremegelb. Zügel, ein schmales Band um die Augen herum und Ohrdecken schwarz; Kinn, Oberkehle und Wangen cremegelb, Unterkehle, Hals und Nacken dazu mit schwarzer und rotbrauner Längsstreifung, die auf dem Unterhals zu einem schwarzen Band zusammenfließt. Oberseite olivbraun mit schwarzer Wellenbänderung; Brust und Flanken rostbraun, Letztere mit großen weißen, schwarz gesäumten Federn; Bauch weiß, Unterschwanzdecken ebenso, dazu mit hellrostgelber Bänderung. Schnabel schwarz, Orbitalring und Beine rot. Bei den Unterarten variiert die Färbung von Kinn, Kehle, Wangen und Ohrdecken von Weiß *(albigularis, henrici)* bis Blassgelb *(brunneopectus)*.

Über das Braunbrust-Waldrebhuhn ist noch relativ wenig bekannt.

Habitate der noch wenig bekannten Art sind immergrüne Bergwälder, wo sie in Nord-Thailand in niedrigen Lagen und bergwärts bis in Höhen von etwa 1350 m, in Birma bei 1500 m und in Malaysia bei 1800 m vorkommt. Wo sie in Nord-Thailand mit *A. rufogularis* sympatrisch ist, weicht diese auf höhere Bergwälder aus.

Der Reviergesang besteht aus einem dreisilbigen Pfiff, der in der Tonhöhe sinkt und von einsilbigen Pfiffen eingeleitet wird. Beim Rufen wird die sonst unter Federn verborgene rote Kehlhaut gedehnt und damit sichtbar. Über die Fortpflanzungsbiologie ist noch nichts bekannt.

Davids Waldrebhuhn *(Arborophila davidi)*

Das sehr seltene Davids Waldrebhuhn wurde in Bergwäldern Süd-Vietnams entdeckt. Bei ihm sind Stirn, Scheitel und Hinterkopf olivbraungrau mit dunklerer Federsäumung. Ein breites weißes Überaugenband geht hinter den Ohrdecken in ein breites rostbraunes Band über, das den Seitenhals herabläuft. Ein schwarzes Band, umrundet vom Zügel kommend die Augen, nimmt Ohrdecken und Wangen ein, zieht ebenfalls den Seitenhals herab und weiter quer über die Kropfregion auf die andere Seite, so die weiße Kinn- und rostbraune Kehlregion säumend. Oberseite olivbraun, der Vorderrücken schwarz gebändert; Flügeldecken und Armschwingen mit großen schwarzen Federendflecken. Kropf rötlich olivbraun, Bauchseiten breit schwarz und weiß gebändert; Vorderbauch hellgrau, Unterbauch isabellgelb, die Unterschwanzdecken weiß mit breiter schwarzer Querbänderung. Schnabel schwarz mit roter Unterschnabelbasis, Orbital- und von Federn verdeckte Kehlhaut rot, Beine rosa.

Die bis vor Kurzem nur in einem Exemplar bekannte Art bewohnt niedrige Hügelberge der zentralen annamitischen Bergkette und wurde dort im Distrikt Bien Hoa östlich Saigon (Ho-Chi-Minh-Stadt) in 300 m Höhe entdeckt. Inzwischen ist nach Meldungen aus Vietnam das Davids Waldrebhuhn dort zweimal gesichtet worden (1994).

Borneo-Waldrebhuhn *(Arborophila hyperythra)*

Die Gebirge Borneos sind die Heimat des für diese große Insel endemischen Borneo-Waldrebhuhns, von dem zwei Unterarten beschrieben wurden:

A. h. hyperythra: Sarawak bis zur indonesischen Grenze.
A. h. erythrophrys: Mt. Sarawak.

Die Geschlechter sind gleich gefärbt. Stirn, Scheitel, Nacken und Hinterhals sind schwarz mit Braunfleckung, besonders auf Stirn und Nacken. Ein breites, bis zum Nacken reichendes fuchsrotes Überaugenband geht in das ebenso gefärbte Hals-, Wangen-, Kinn- und Kehlgefieder über. Ein braunes oder schwarzes Band nimmt den Zügel ein, umrundet die Augen, zieht über die dunkelbraunen Ohrdecken und löst sich auf dem Seitennacken in schwarze Flecke auf. Oberseite olivbraun mit schwarzer Bänderung. Brust zimtbraun, die Flankenfedern weiß mit breiter Schwarzsäumung. Bauch weiß, Unterschwanzdecken ockerbräunlich. Schnabel grau, die breite Orbitalhaut karminrot, Beine lachsrosa.

Auf Borneo beschränkt sich das Verbreitungsareal der Art auf den Nordteil von Mt. Kinabalu; im Norden südwärts bis Usun Apau, zum oberen Kayan sowie Mt. Mulu. Habitate sind submontane Primär- und Sekundärwälder in Höhen von 600 bis 1200 m. Häufig ist der Vogel im Kelabit-Hochland. Die Stimme ist eine im Abstand von 3 Sekunden ausgestoßene Serie immer höher steigender Pfiffe, denen unmittelbar ein lauter, in der Tonhöhe fallender Doppelpfiff in einminütigem Intervall folgt. Dabei dürfte es sich um den antiphonalen Gesang eines Paares handeln. Über die Fortpflanzungsbiologie ist nichts bekannt.

Kambodscha-Waldrebhuhn *(Arborophila cambodiana)*

Nächster Verwandter des Borneo-Waldrebhuhns dürfte das Kambodscha-Waldrebhuhn von Südwest-Kambodscha und Südost-Thailand sein, von dem zwei Unterarten beschrieben wurden:

A. c. cambodiana: Südwest-Kambodscha (Plateau von Bokor).

A. c. diversa: Südost-Thailand (Kdo Sabap-Berge).

Nach Medge und McGowan (2002) handelt es sich hier um zwei Arten, sodass die zweite Art den Namen ***Arborophila diversa*** trägt.

Die Geschlechter sind nur wenig verschieden gefärbt. Der Scheitel ist dunkelolivbraun mit Aufhellung zum Nacken hin; die übrigen Kopfpartien, Hals und Brust sind rötlich zimtbraun. Oberseite olivbraun mit breiter Schwarzbänderung der Federn, die Armschwingen rotbraun; Flanken mit weißen, breit schwarz gesäumten Federn; Bauch isabellweiß, die Unterschwanzdecken ockergelb. Schnabel dunkelgrau, die Orbitalhaut rot, Beine rosa.

Über die Biologie der nur in wenigen Exemplaren gesammelten Art ist wenig bekannt. In Südost-Thailand bewohnt sie immergrüne Bergwälder in Höhen zwischen 300 und 1500 m.

Rotschnabel-Waldrebhuhn *(Arborophila rubrirostris)*

Eine endemische Art der Bergwälder Nord- und Mittel-Sumatras ist das Rotschnabel-Waldrebhuhn. Die Geschlechter sind sehr ähnlich gefärbt. Bei Hähnen sind Scheitel, Kopfseiten und Hals schwarz mit individuell unterschiedlich starker Weißsprenkelung auf Zügel, Kinn und über den Ohrdecken. Oberseite dunkelolivbraun mit enger schwarzer Federsäumung, auf den Armdeckfedern große schwarze Endflecken; Brust dunkelbraun mit weißen Sprenkeln, der Oberbauch weiß mit U- und V-förmiger Federsäumung, Bauchseiten schwarz mit schmaler weißer Federsäumung; Hinterflanken ockerbraun; Bauch und Unterschwanzdecken weiß, Letztere dazu schwarz gebändert. Schnabel, die breite Orbitalhaut und Beine karminrot. Bei Hennen, besonders der nördlichen Populationen, kann die Weißkomponente des Gesichts und des Vorderhalses so ausgedehnt sein, dass Letzterer ganz weiß ist.

Die Habitate der Art sind Gebirgswälder in Höhen von 900 bis 2500 m. In den Barisanbergen Sumatras, wo sie häufig ist, wurden kleine Trupps dieses Waldhühnchens in moosreichen Schluchten und dichtem Unterbewuchs auf Berghängen angetroffen. Als Stimme hörte man eine laute Pfeifstrophe aus in der Folge immer höher werdenden Pfiffen: „kiou-kiou-kiou" usw. Über die Brutbiologie ist noch nichts bekannt.

Schuppenbrust-Waldrebhuhn *(Tropicoperdix charltonii)*

syn.: *Arborophila charltonii*

Als eng verwandt mit den Arten der Gattung *Arborophila* angesehen und deshalb oft zu ihr gerechnet werden die Schuppenbrust-Waldrebhühner. Auf den Vorderflanken unter den Flügeln tragen sie je ein Daunenbüschel und die Beinfärbung wechselt von Zitronengelb bis Apfelgrün. Eine nackte Orbitalhaut fehlt, die Oberbrust ist schwarz gebändert und die Geschlechter sind gleich gefärbt.

Da sich alle *Tropicoperdix*-Waldrebhühner geografisch vertreten und, soweit bekannt, nirgends sympatrisch sind, fasst Johnsgard (1988) alle Formen als Superspezies einer polytypischen Art, *Tropicoperdix charltonii*, auf. Sie ist über Teile Süd-Chinas (Jünnan), Hinterindien und Indonesien (Nord-Sumatra, Nord-Borneo) verbreitet.

Neun Unterarten wurden beschrieben:

T. c. chloropus: Jünnan, Birma südwärts bis Tenasserim, West-Thailand.
T. c. peninsularis: Südwest-Thailand.
T. c. olivacea: Laos und Kambodscha.
T. c. cognacqui: Süd-Vietnam.
T. c. merlini: Zentral-Vietnam bis Quantri.
T. c. vivida: Küstenberge Vietnams im Gebiet von Hue.
T. c. tonkinensis: Süd-Tenasserim, Süpd-Thailand, Malaiische Halbinsel.
T. c. atjehensis: Nord-Sumatra (Atjeh).
T. c. graydoni: Nord-Borneo (Sabah).

Nach Medge und McGowan (2002) handelt es sich bei zwei der bisherigen Unterarten um eigene Arten, nämlich ***Arborophila chloropus*** und ***Arborophila merlini***.

Die Geschlechter sind gleich gefärbt. Eine Farbbeschreibung sei hier von der Unterart *chloropus* gegeben. Bei ihr ist der Oberkopf oliv- bis rostbraun. Ein vom Schnabel über die Augen zum Nacken ziehendes Band, Kinn, Kehle und Wangen weiß mit schwarzen Federsäumen, ein „Sommersprossenmuster" erzeugend. Oberseite olivbraun mit Schwarzbänderung, die Flügel mit Rebhuhnmuster. Hals rostrot mit Schwarzfleckung, die Oberbrust olivbraun, ihre Federn V-förmig schwarz gebändert; ein breites Brustband rostrot mit schwarzer Federsäumung;

Flanken hellockergelb, die Federschäfte weiß mit schwarzer Säumung, Bauch und Unterschwanzdecken weiß. Schnabel apfelgrün mit rötlicher Basis, die Beine graugelb bis apfelgrün.

Alle Schuppenbrust-Waldrebhühner bewohnen dichten, immergrünen Dschungel, Laub abwerfende Wälder sowie Trockenwälder der Ebenen und der Berge bis 1500 m Höhe. Der Reviergesang des Paares setzt mit einer Serie monotoner, sich beschleunigender Pfiffe ein, denen ein allmählich immer stärker werdendes wildes Crescendo auf- und abwärts ziehender Doppel- und Dreifachpfiffe mit abruptem Ende folgt. Dabei handelt es sich um einen antiphonalen Gesang, ohne dass bisher klar wäre, welcher Partner wo einsetzt. Über die Brutbiologie ist sehr wenig bekannt. Bisher wurde nur ein Nest mit drei Eiern gefunden.

Afrika-Waldrebhühner *(Xenoperdix)*

Eine Darstellung des Autors von einem Udschungwe-Waldrebhuhn.

Udschungwe-Waldrebhuhn *(Xenoperdix udzungwensis)*

Auf einer ornithologischen Expedition des Zoologischen Museums Kopenhagen zur Erforschung bislang noch kaum bekannter Gebiete des tansanischen Udschungwe-Gebirges stieß das dänische Forscherteam im Juli 1991 auf ein bis dahin noch unbekanntes Kleinhuhn, das sich bei genauer Untersuchung als erster afrikanischer Vertreter aus der großen Gruppe der südostasiatischen Waldrebhühner *(Arborophila, Tropicoperdix)* erwies. Dieser Entdeckung kommt gleiche Bedeutung zu wie der eines afrikanischen Pfauen *(Afropavo)* im Kongo im Jahre 1936. In Größe, Gewicht, Schwanzfederzahl, Färbungsmuster und Verhalten weicht dieses Waldrebhuhn nur wenig von asiatischen Waldrebhühnern ab.

Bei dem Udschungwe-Waldrebhuhn sind die Geschlechter fast gleich gefärbt. Die Stirn ist schwarz, der Oberkopf bis zum Nacken olivbraun mit schwarzen Federsäumen, eine Art Schuppenmuster erzeugend. Ein von der Überaugenregion über die Ohrdecken zum Nacken ziehendes Band, Zügel, Gesicht und Wangen sind bernsteinbraun. Die Oberseite ist vom Hinterhals bis zu den Oberschwanzdecken olivbraun mit schmaler schwarzer Bänderung; Flügeldecken ähnlich, aber die dunkebraune und schwarze Bänderung viel breiter und auf den Armdecken besonders auffällig; Handschwingen dunkelbraun mit orangefarbenen Flecken auf den Außenfahnen; der Schwanz trägt mahagonibraune, von schwarzen Querbändern unterbrochene Mittelfedern und einfarbig kastanienbraune Seitenfedern; Kinn und Kehle bernsteinbraun mit hellerer Mitte; auf dem Vorderhals ein Medaillon aus schwarzweißen Federn; Brust und Körperseiten hellgrau mit ausgedehnten schwarzen Zentren und weißen Säumen der Federn, Bauchmitte grauweiß. Schnabel scharlachrot, Iris kastanienbraun, die Augenwachshaut sowie ein schmaler Bezirk schwach befiederter Gesichtshaut orangegelb, die Beine gelb.

Die Art wurde bisher nur in den Ndundulu- und Nyumbanitu-Bergzügen des Udschungwe-Gebirges in der submontanen und montanen Waldzone nachgewiesen. Sie bewohnt dort immergrünen Wald in Höhen zwischen 1350 und 2400 m und wurde einzeln, paarweise und in Gruppen aus bis zu acht Mitgliedern angetroffen. Die Hühnchen waren recht vertraut, ließen den Menschen bis auf 3 m Distanz herankommen und scharrten kükenartig piepend im Falllaub nach Nahrung. Beim Auffliegen zeigten die kastanienroten äußeren Schwanzfedern Signalfunktion. Die Nächte verbringen sie dicht aneinander gedrängt auf Ästen etwa 5 m über dem Erdboden. Ein beobachtetes Paar führte drei Küken.

Schwarzwachteln *(Melanoperdix)*

Als nahe Verwandte der Waldrebhühner sind die Schwarzwachteln anzusehen. Die Gattung ist nur mit einer Art vertreten.

Schwarzwachtel *(Melanoperdix nigra)*

Diese Art zeichnet sich durch einen kurzen, dicken stark gebogenen Schnabel und sporenlose Läufe mit kurzer Hinterkralle aus. Der kurze, hinten gerundete Schwanz aus zwölf weichen Federn wird wie bei Waldrebhühnern und Straußwachteln abwärts und einwärts getragen. Die Geschlechter sind verschieden gefärbt. Die knapp rebhuhngroße Schwarzwachtel bewohnt südostasiatische Tropenwälder auf der Malaiischen Halbinsel, Sumatra und Borneo.

Zwei Unterarten wurden beschrieben:

M. n. nigra: Malaiische Halbinsel von Penang südwärts, Sumatra.

M. n. borneensis: Süd- und West-Borneo.

Hähne haben ein einfarbig schwarzes Kleingefieder und schwarzbraune Handschwingen, schwarzen Schnabel und graublaue Beine. Hennen sind dunkelzimtbraun mit cremegelber Unteraugen-, Kinn- und Kehlregion; die hellrostgelben Flügeldeckfedern tragen breite schwarze Subterminalbänder und Klecksflecke. Mittelbauch und Unterschwanzdecken sind isabellfarben.

Habitate der Art sind dichte, unterwuchsreiche Primärwälder und Torfsumpfwaldungen in Ebenen und der Bergwaldzone, auf Borneo bis in 1600 m Höhe. Am häufigsten wird sie in Gebieten des Vorkommens der stammlosen stacheligen Bertam-Palme *(Eugeissona tristis)* beobachtet.

Als Lautäußerungen kennt man nur einen Doppelpfiff, der dem der Straußwachtel weitgehend gleichen soll. Die Henne legt fünf bis sechs weiße, rauschalige Eier in ein überdachtes Nest. Als Besonderheit unter den Hühnervögeln wurde tägliches Wasserbaden im Berliner Zoo beobachtet.

Straußwachteln *(Rollulus)*

Als schönste unter den kleinen Waldhühnern Südostasiens können zweifellos die Straußwachteln angesehen werden. Sie sind durch ein bei beiden Geschlechtern auf der Stirnmitte stehendes Büschel drahtartiger Federn, bei den Hähnen zusätzlich einen langen aufrechten Federschopf auf dem Hinterkopf, charakterisiert. Der kurze Schnabel ist gebogen, die Augenwachshaut breit; hinter dem Auge ein dreieckiger nackter Hautbezirk; die Flügel sind gerundet, der kurze, 12-fedrige Schwanz aus weichen Federn ist hinten rund; die Läufe sind sporenlos, der Hinterzehe fehlt eine Kralle. Die Geschlechter sind verschieden gefärbt.

Straußwachtel *(Rollulus roulroul)*

Einzige Art der Gattung ist die Straußwachtel, auch Roulroul genannt, ein häufiger Waldbewohner Süd-Birmas, des Mergui-Archipels, der Malaiischen Halbinsel, Sumatras und Borneos.

Der Hahn trägt ein Büschel drahtartiger Stirnborsten sowie einen dichten langen, rotbraunen Hinterkopfschopf. Davor verläuft ein weißes Band quer über den Mittelscheitel; übrige Kopfteile schwarz, der Rumpf glänzend dunkelblau, zum Rücken zu in Blaugrün übergehend. Schwanz schwarz, weitgehend von den langen Ohrschwanzdecken bedeckt; Flügel dunkelbraun; Schnabel rot mit schwarzem First und Unterschnabelspitze; Augenwachshaut, ein nackter Hinteraugenbezirk und die Beine leuchtend rot. Hennen haben einen dunkelgrauen Kopf mit schwarzen Stirnborsten, olivgrünes Gefieder sowie kastanienbraune Flügel.

Habitate der Art sind von Primärwald umgebener Sekundärbusch und Bambusdschungel auf Sumatra bis in Höhen von 800 m, auf Borneo von 1200 m.

Die Straußwachtel ist klar an dem typischen Schopf zu erkennen.

Außerhalb der Brutzeit leben Straußwachteln in Trupps aus sieben bis 15 Tieren zusammen, die friedlich scharrend und pickend gemeinsam den Waldboden nach Nahrung durchstöbern. Dabei führen sie ständig mit dem Schwanz zitternde Bewegungen aus und geben kükenartig piepende Kontaktlaute von sich. Die Standortstimme besteht aus schnell ausgestoßenen, klagenden Pfiffen „si-il", die in ständigen Serien besonders während der Morgendämmerung gehört werden.

Nester sind durch oben zusammengezogene Krautpflanzen überdachte Kammern mit tunnelartigem Seiteneingang. Er wird nach Verlassen des Geleges zur Futteraufnahme von der brütenden Henne stets mit Pflanzenmaterial verschlossen und so für Feinde unsichtbar. Sie erbrütet das aus fünf bis sechs einfarbig gelblich weißen Eiern bestehende Gelege in 17 bis 18 Tagen. Der Hahn hält Wache beim Nest und beide Eltern sorgen für die Küken. Die Jungen sollen bis zum Alter von 25 Tagen allabendlich von der Henne zur Übernachtung ins Nest zurückgeführt werden, wie man bei einer Brut in Menschenobhut beobachtet hat.

Die schöne Straußwachtel wird ziemlich regelmäßig nach Europa und in die USA importiert und häufig gezüchtet. Sie erhält ein insektenreiches Weichfutter, dazu Lebendinsekten (Mehlwürmer, Heimchen usw.), Obst und Früchte. Körnerfutter wird meist verschmäht und nur zur Ergänzung verabreicht.

Rebhühner *(Perdix)*

Rebhühner sind gedrungene, rundflügelige und rundschwänzige Feldhühner. Der Schnabel ist kurz und schlank. Ein schmaler, unbefiederter Unter- und Hinteraugenbezirk färbt sich zur Brutzeit intensiv rot. Der Lauf ist etwa so lang wie die

Mittelzehe und ungespornt. Im dichten Gefieder dominieren graue und braune Farbtöne. Die Geschlechter sind sehr ähnlich gefärbt. Das Ei ist einfarbig braun, rotbraun oder olivfarben. Die Gattung *Perdix* ist mit drei Arten über weite Gebiete Eurasiens vom Atlantik bis zum Pazifik verbreitet.

Rebhuhn *(Perdix perdix)*

Das Rebhuhn bewohnt Nord- und Mitteleuropa bis West-Sibirien, Turkestan und Nord-Iran. Dazu ist es durch den Menschen in vielen Teilen Nordamerikas erfolgreich eingebürgert worden.

Folgende Unterarten wurden beschrieben:

P. p. perdix: Süd-Skandinavien, Britische Inseln, Nordost-Frankreich ostwärts bis Griechenland.

P. p. sphagnetorum: Moore Nord-Hollands und Nordwest-Deutschlands.

P. p. armoricana: Frankreich.

P. p. hispaniensis: Zentral-Pyrenäen, Kantabrien, Nordost-Portugal.

P. p. italica: Italienische Halbinsel.

P. p. lucida: Finnland ostwärts bis zum Ural, südwärts bis zum Schwarzen Meer, der Krim und dem Nord-Kaukasus.

P. p. robusta: Vom Ural ostwärts Sibirien bis zum Altai, dem W. Sajan und der Tuva SSR, südwärts bis zu den Kaspiküsten, dem Aral, Nord- und West-Sinkiang.

P. p. canescens: Türkei, Süd-Kaukasus, Transkaukasien, Nord- und Nordwest-Iran.

Das Rebhuhn ist in Europa mit verschiedenen Unterarten vertreten.

Bei Hähnen der Nominatform sind Scheitel und Nacken gelbbraun mit hellgelber Federschäftung, darunter ein schmaler, weißgrauer Überaugenstreif; Stirn, Kopfseiten, Kinn, Kehle rostbraun; Ohrdecken dunkelbraun mit weißer Federschäftung; Hals und Vorderrücken hellgrau mit zarter, schwarzer Wellenbänderung; Hinterrücken, Bürzel, Oberschwanzdecken hellgrau mit rostbraunem Anflug, grob schwarz und kastanienbraun wellengebändert. Schwanz kastanienbraun; Flügeldecken dicht rostbraun und schwarz wellengebändert, die Federn rahmweiß geschäftet; Armschwingen schwarz mit rostgelben Binden und weißen Endsäumen; Handdecken und Handschwingen dunkelbraun mit schmalen, V-förmigen ockergelben Querbinden; Halsseiten und Brust hellgrau, dicht schwarz wellengebändert. Brustseiten und Flanken breit kastanienbraun gebändert, die Federn dazu mit weißen Schäften; Unterbrustmitte mit kastanienbraunem Hufeisenfleck, Bauchmitte weiß, Unterschwanzdecken sahnegelb mit weißen Streifen. Schnabel grünlich hornfarben, schmale Augenwachshaut bleigrau, unter und hinter dem Auge ein nackter, karminroter Hautbezirk, die Beine horngrau.

Bei Hennen ist der Hufeisenfleck der Unterbrust kleiner und fehlt oft ganz. Ferner weisen Schulterfedern und Flügeldecken neben dem hellen Federschaft noch eine hellere Querbänderung auf, die Hähnen fehlt.

Eine Geschlechtsbestimmung von Jungvögeln des Rebhuhns ist laut Habermehl und Hofmann (1963) möglich: Junghennen weisen in der grauen Rosenpartie unter und hinter den Augen eine Reihe feiner gelblich weißer Papillen, Junghähne dagegen mehrere Parallelreihen kräftiger Hautwärzchen auf; auch bildet die Zeichnung der Oberflügeldecken und Schulterfedern nach der Jugendmauser ein verlässliches Geschlechtsmerkmal: Bei Junghähnen weisen die genannten Federpartien gelbgraue Querbinden auf, die den Junghennen fehlen. Eine Altersbestimmung erfolgt durch Untersuchung der 9. und 10. Handschwinge, die bei Jungvögeln spitz, bei den älteren aber rund ist.

Ursprünglich ein Bewohner von Steppen, Waldsteppen und Heiden, wurde das Rebhuhn durch Umwandlung großer Waldflächen in Agrarlandschaften zum Kulturfolger und konnte sein europäisches Verbreitungsareal erheblich erweitern. Von Juli bis Anfang März leben Rebhühner in Trupps aus fünf bis 25 Vögeln zusammen, den „Völkern“ in der Jägersprache. Jedes Volk beansprucht ein Revier ohne feste Grenzen, das sich je nach Deckungs- und Nahrungsangebot dauernd verschiebt. Bei Begegnungen benachbarter Völker halten diese sich durch Drohgebärden auf Abstand. Im Verlauf des März besetzen die Paare ihre ebenfalls nicht fest umrissenen Brutreviere. Die Henne wählt den Nistplatz aus. Dieser liegt gut vor Sicht geschützt inmitten der Vegetation an Hecken, Wald- und Grabenrändern.

Vollgelege können aus acht bis 20 einfarbig oliv- bis dunkelbraunen Eiern bestehen, die das Weibchen in 24 bis 25 Tagen erbrütet. Es wird während der Brut vom Hahn bewacht, der mit ihm zusammen die Küken großzieht. Während die Nahrung der Althühner zu je 30 % aus Grünpflanzen, Unkrautsämereien und Getreidekörnern und nur 10 % aus tierischer Kost besteht, nehmen die Küken bis zum Alter von 14 Tagen fast ausschließlich Insekten auf, wonach der Anteil der Pflanzenkost kontinuierlich zunimmt. Sie sind mit 13 bis 14 Tagen flugfähig und mit fünf Wochen selbstständig.

Seit Einführung der Großraum-Landwirtschaft mit ihrer Mechanisierung, dem Versprühen von Herbiziden, Insektiziden und Gülle sowie der Rodung schützender Hecken und Wiesenrandstreifen ist das Rebhuhn überall in Europa selten geworden oder bereits verschwunden.

Rebhühner sind leicht halt- und züchtbar, auch stets im Handel vorrätig. Für ein Paar soll die Voliere wenigstens 2 x 2 m groß sein. Junghühner vom Vorjahr sind rechtzeitig nach Eintreten warmen Wetters zu entfernen, bevor sie vom Elternpaar getötet werden. Durch ihre Vertrautheit gegenüber dem Pfleger bereiten Rebhühner diesem viel Freude.

Bartrebhuhn *(Perdix dauurica)*

Östlich des Verbreitungsgebietes des Rebhuhns bewohnt das Bartrebhuhn ein riesiges Areal, das weite Steppen und Halbwüsten Innerasiens von Ferghana und Semiretschje im Westen nordwärts bis zur Ussurimündung und südwärts bis zum Ost-Tienschan, dem Oberlauf des Hoangho, sowie die chinesischen Provinzen Shensi und Shansi umfasst. Es umschlingt damit nach Ilizew und Flint (1989) halbkreisförmig die Wüsten- und Hochgebirgsgebiete Zentralasiens von Norden und Osten.

Von mehreren beschriebenen Unterarten werden gegenwärtig nur die folgenden anerkannt:

P. d. dauurica: Kirgisien und Sinkiang ostwärts bis Transbaikalien, vermutlich das West-Amurland und südwärts bis zur Äußeren Mongolei.

P. d. suschkini: Heilungkiang (Mandschurei), Ussurien südwärts zur Inneren Mongolei und westwärts Kansu nebst Tsinghai.

Typisch für das Bartrebhuhn ist der schwarze Bauchfleck beim Hahn.

Das Bartrebhuhn unterscheidet sich relativ wenig vom Rebhuhn, nämlich bei Hähnen durch den schwarzen (statt braunen) Hufeisenbauchfleck sowie einen über Hals-, Kropf- und Brustmitte zum Bauch verlaufenden rehbraunen Streifen, der den Bauchfleck umrandet. Charakteristisch ist ferner ein schwarzer Streifen kleiner Federchen unter den Augen. Ihren Namen aber hat die Art nach den im Herbst- und Winterkleid bei beiden Geschlechtern auftretenden verlängerten Kinn- und Kehlfedern erhalten.

Wo die Verbreitungsarealgrenzen beider Arten sich treffen und etwas überlappen, wie im Altai und dem Saisan Nor, wurden gemeinsame Wintergesellschaften von *Perdix perdix robusta* und *Perdix dauurica* beobachtet und vereinzelt kommt es dort zu Mischehen. Die Biotopansprüche des Bartrebhuhns unterscheiden sich kaum von denen unseres Rebhuhns. Sie umfassen unter anderem Strauchvegetation in Steppen, Gehölzränder, große Waldlichtungen, Wiesen und Getreidefelder. An den Steppenhängen der Gebirge steigt es bis 3000 m hoch und wurde noch bei 2400 m brütend angetroffen. Die Populationsdichte schwankt witterungsbedingt innerhalb mehrerer Jahre. Für den Süden Transbaikaliens wird mit einem Bestand von etwa 1 Million gerechnet, eine Zahl, die im Westen (Ferghana) nie erreicht wird. Im Gegensatz zu dem in der ehemaligen UdSSR hoffnungslos überjagten Rebhuhn ist das Bartrebhuhn dort von jagdlich-wirtschaftlicher Bedeutung. Am Rande dürfte es noch interessieren, dass das Bartrebhuhn von China her auf der Philippineninsel Luzon erfolgreich eingebürgert wurde und dort in der Umgebung der Hauptstadt Manila häufig ist.

Tibet-Rebhuhn *(Perdix hodgsoniae)*

Die dritte Art der Gattung *Perdix*, das Tibet-Rebhuhn, ist ein Gebirgsbewohner des Himalaja, Tibets und Zentral-Chinas.
Drei Unterarten wurden beschrieben und weisen eine typisch klinale Verbreitung auf:

P. h. hodgsoniae: Der Himalaja von West-Nepal und Assam bis zum Tibetanischen Plateau, wo sie fließend in die folgende Unterart übergeht.

P. h. sifanica: Südost-Tibet, West-Kansu und der Nanschan.

P. h. caraganae: Ost-Kaschmir, Ladak, Rupshu, West-Tibet (Gartok und Barkha; dort allmählicher Übergang in die Nominatform).

Die Geschlechter sind recht ähnlich gefärbt. Die Stirn und ein von dort bis zum Nacken ziehendes Überaugenband sind weiß. Der vorne rotbraune Scheitel wird nach hinten zu schwarzbraun; Zügel und Bartregion weisen auf weißem Grund schwarz gesäumte Federn auf; Kinn, Kehle, Halsseiten weiß, auf Unteraugenregion und Wangenmitte ein schwarzer Fleck; der Nacken und eine Seitenhalsbinde roströtlich; Vorderrücken und Flügeldecken trüb ockerfarben

Das Tibet-Rebhuhn ist durch die Zeichnung perfekt an seine Umgebung angepasst.

mit schwarzer und rotbrauner Bänderung, die Federn weiß geschäftet; Mittelrücken bis Oberschwanzdecken trüb ocker mit schwarzer Wellen- und V-Bänderung; mittlere Schwanzfedern breit dunkelbraun und trüb ockerfarben gebändert, die seitlichen rotbraun; Unterseite rahmweiß, Flanken rotbraun gebändert, die Federn weiß geschäftet; Brustseiten roströtlich gebändert, Brustmitte nebst Oberbauch weiß und schwarz gebändert, der Unterbauch weiß. Schnabel und Beine hellgrünlich, Orbitalring und ein nackter Hinteraugenbezirk rosa, während der Balzzeit karminrot.

Die Art bewohnt mit Zwergwacholdern und Rhododendren locker bewachsene, felsige Berghänge in Höhen von 3350 bis 4880 m. In Verhalten und Lebensweise unterscheidet sie sich nicht von unserer heimischen Art. Tibet-Rebhühner wurden bereits in den 1970er-Jahren in Frankreich gezüchtet und waren 1970 in den USA vorhanden. Zuchtberichte gibt es u. W. bisher nicht.

Spornhühner *(Galloperdix)*

Die rebhuhngroßen indischen Spornhühner ähneln äußerlich Hennen der Zwerghuhnrassen und stehen aufgrund phänetischer Untersuchungen von Crowe und Crowe (1985) den Frankolinen nahe. Gekennzeichnet sind sie durch den ziemlich langen, leicht gestuften, 14-fedrigen Schwanz, der in der Regel schräg abwärts getragen und nur in Erregung aufgerichtet wird. Die Flügel sind kurz und rund. Die langen, kräftigen Läufe sind bei den Hähnen mit drei bis vier, bei den Hennen mit zwei Sporen bewehrt. Die Geschlechter sind verschieden gefärbt. Die Eier sind einfarbig isabellgelb. Die Gattung umfasst drei Arten.

Rotes Spornhuhn *(Galloperdix spadicea)*

Das Rote Spornhuhn bewohnt in drei Unterarten Vorderindien und Nepal:

G. s. spadicea: Uttar Pradesh und West-Nepal, südwärts bis Maisur und Madras.
G. s. caurina: Aravalli-Berge Süd-Rajasthans.
G. s. stewarti: Kerala.

Hähne der Nominatform haben einen sandbraunen Vorderkopf, schwarzbraunen Scheitel und Nacken, während Kinn und Kehle weißlich braun sind. Oberseite kastanienbraun, die Federn rotbraun gewellt und graubraun gesäumt. Unterseite rotbraun mit graubrauner Federsäumung. Schnabel hornbraun mit rötlicher Basis, ein größerer, nackter Orbitalbezirk und die Beine ziegelrot, Sporen weißlich hornfarben.

Bei den Hennen ist der Vorderkopf sandbraun, Kinn und Kehle sind weißlich. Oberseite grau mit rötlicher Tönung, die Unterseite hellrotbraun mit schwarzer Federendsäumung. Die Art bewohnt dichten Busch auf steinigem Vorgebirgsland, Bambusdschungel sowie trockene bis feuchte, Laub abwerfende Wälder, die von Wasserläufen durchzogen werden. Am häufigsten ist sie in derartigen Habitaten in Höhen zwischen 600 und 1200 m.

Außerhalb der Brutzeit trifft man die scheuen, heimlichen Hühnchen in Familiengruppen aus bis zu sechs Vögeln an. Bruten sind mit Ausnahme der Monate schwerer Monsunregen (Juli, August) über das ganze Jahr verteilt festgestellt worden. Der Revierruf des Hahnes klingt wie ein glucksendes Krähen, schnell wiederholt und klappernd „k-r-r-r-kwek“, dem Perlhuhngegacker nicht unähnlich. Nester sind flache Erdmulden mit wenigem Pflanzenmaterial ausgelegt. Die drei bis fünf Eier werden von der Henne in 23 Tagen erbrütet. Beide Eltern führen die Jungen.

Die Art wird sehr selten importiert und ist wohl noch nicht in Europa oder den USA gezüchtet worden.

Perlspornhuhn *(Galloperdix lunulata)*

Diese Art bewohnt den Mittel- und Ostteil der vorderindischen Halbinsel hauptsächlich südlich der Gangesebenen und kommt nordöstlich bis Gwalior in Madhya Pradesh sowie in Bengalen vor. In weiten Gebieten der zentralen Halbinsel ist es mit dem Roten Spornhuhn sympatrisch, ohne dass bisher Hybridvögel gefunden wurden.

Beim Hahn sind Stirn und Scheitel metallisch grünblau, dazu mit weißen Tropfenflecken übersät; Kopfseiten und Hals schwarz mit breiter Weißfleckung. Eine nackte Orbitalhaut wie bei *G. spadicea* fehlt. Oberseite kastanienbraun mit weißer, schwarz umrandeter Augenfleckung; auf Unterrücken und Oberschwanzdecken kleine schwarze Tupfen; Schultern und einige Flügeldecken metallisch grün. Brust und Vorderbauch isabellgelb mit dreieckiger Schwarzfleckung. Flanken, Unterbauch, Unterschwanzdecken isabellgelb mit rotbrauner Sprenkelung, die Ersteren dazu mit großen, weißen, schwarz umsäumten Flecken. Schnabel hornschwarz, Beine gräulich olivbraun.

Bei Hennen sind die Stirn, ein Überaugenband und die Kopfseiten dunkelkastanienbraun. Kinn und Kehle roströtlich, Scheitel schwarz mit rotbrauner Schaftstreifung. Übrige Körperteile oberseits dunkelkastanienbraun, unterseits rostbraun.

Das Vorkommen beider Arten in gleichen Gebieten ohne Hybridisierung lässt sich mit unterschiedlichen Habitatansprüchen erklären: Statt dichten Wald und Bambushaine zieht das Perlspornhuhn mit Geröll und Felsen bedecktes, mit Dornbusch und Gras bewachsenes, hügeliges Gelände in Höhen unter 900 m vor. In diesem undurchdringlichen Buschwald sind die Vögel nur schwer zu beobachten. Über die Fortpflanzungsbiologie ist man nur durch Haltung und Zucht in Menschenobhut unterrichtet. Die Henne eines in bepflanzter Voliere gehaltenen Paares legte in eine ausgescharrte Bodenmulde vier Eier. Die nach 23 Tagen geschlüpften Küken waren mit zwölf Tagen voll befiedert und mit zehn Wochen selbstständig. Zusammen mit dem Elternpaar übernachteten sie aufgebaumt. Die Art wird nur sehr selten importiert.

Ceylon-Spornhuhn *(Galloperdix bicalcarata)*

Die Insel Sri Lanka (Ceylon) beherbergt eine dritte Spornhuhnart, das Ceylon-Spornhuhn. Bei den Hähnen sind Stirn, Scheitel, Nacken und Hinterhals schwarz mit zarten, weißen Schaftstreifen; die übrige Oberseite ist kastanienbraun mit weißen, schwarz gesäumten Schaftstreifen; Unterrücken, Bürzel, Oberschwanzdecken rotbraun mit schwarzer Wellenzeichnung; Schwanz schwarz. Kinn und Kehle weiß, Kopfseiten schwarz mit Weißstreifung. Brustseiten und Flanken schwarz mit breiter, weißer Halbmond- und Tropfenfleckung; Vorderbrust und Bauch weiß, Hinterbauch und Unterschwanzdecken schwärzlich mit Weißfleckung. Schnabel, nackte Orbitalhaut und Beine ziegelrot. Hennen haben einen schwarzen Scheitel mit hellerer Färbung auf Stirn und Kopfseiten; Kinn weiß, die rote Orbitalhaut schmaler; Ober- und Unterseite mit Ausnahme der schwarz wellengebänderten Brust einfarbig trüb kastanienbraun.

Die für Sri Lanka endemische Art bewohnt Waldgebiete von der Küste bis in Höhen von 2000 m im Gebirge und ist in der Regenwaldzone am häufigsten. Der Revierruf der Hähne ist ein wohlklingendes Gackern aus dreisilbigen Tönen, jede Serie eine Tonlage höher als die vorhergehende, alles in einem tiefen „juhuhu juhuhu, juhuiiju“ endend. Brutzeit ist während des Nordost-Monsuns von November bis März. Das Gelege aus zwei bis vier Eiern wird von der Henne in 23 Tagen erbrütet. Die Küken werden von den Eltern gemeinsam großgezogen. Die Art wird sehr selten importiert und ist in ihrer Heimat gezüchtet worden.

Felsenhühnchen *(Ptilopachus)*

Manche Gemeinsamkeiten mit den asiatischen Spornhühnern weist das afrikanische Felsenhühnchen, auch Felsenrebhuhn genannt, auf und vielleicht sind es auch wirklich nahe Verwandte. Äußerlich ähneln Felsenhühnchen verblüffend den Hennen wildfarbener Zwerghuhnrassen. Der kräftige Schnabel ist leicht gebogen, die Läufe sind bei beiden Geschlechtern sporenlos. Die Flügel sind rund, der relativ lange, dachförmige 14-fedrige Schwanz wird aufwärts getragen. Die Geschlechter sind recht ähnlich gefärbt. Das einfarbige ockergelbe Ei besitzt eine glanzlose Schale.

Felsenhühnchen *(Ptilopachus petrosus)*

Die einzige Art der Gattung *Ptilopachus* bewohnt die Sahelzone Afrikas. Die fünf beschriebenen Unterarten fallen in die zu erwartende klinale Variationsbreite:

P. p. petrosus: Gambia bis Nigeria und Kamerun.

P. p. saturatior: Nördliches Zentral-Kamerun.

P. p. brehmi: Das Tschadseegebiet ostwärts bis zum Sudan.

P. p. major: Eritrea.

P. p. florentinae: Süd-Sudan bis Nordost-Kongo (früher Zaire), Nord-Uganda und Nord-Kenia.

Bei Hähnen der Nominatform sind Scheitel, Mantel und Flügeldecken graubraun; übrige Oberseite trüb graubraun mit dichter weißer und isabellgelber Wellenbänderung. Kinn weiß, Kehle und Unterhals graubraun, die Federn schwarz geschäftet mit rotbraunen Seitenstreifen und weißen Säumen; Unterbrust und Bauchmitte isabellgelb, Flanken graubraun mit feiner brauner und weißer Sprenkelung und breit kastanienbrauner Streifung; Schwanz dunkelbraun. Schnabel mit roter Basis und gelblicher Spitze, die nackte Orbitalhaut rot, die Beine dunkelrot. Hennen unterscheiden sich durch den cremefarbenen Bauch von Hähnen.

Felsenhühnchen bewohnen die dichten Vegetationsflecken zwischen den für viele Teile Afrikas so charakteristischen Granitfelsinseln („Kopjes“), flachgipflige Laterithügelberge, auf Schottergestein stockendes, von Erosionsrinnen durchzogenes Waldland und finden sich in Mali sogar in der offenen sandigen Sahelsteppe.

Sie sind geschickte Kletterer, die ohne den Gebrauch der Flügel steile Felsklippen mühelos erklimmen. Sie können aber auch schnell und geschickt fliegen. Übernachtet wird zwischen Felsen. Trinkwasser scheint nicht unbedingt erforderlich zu sein. Außerhalb der Fortpflanzungszeit leben sie in Gruppen aus bis zu 20 Mitgliedern. Diese lösen sich mit Beginn der Regenzeit auf und die Paare beziehen ihre Reviere. Dann rennen die Hähne hinter den Hennen her und viele Paare duettieren im Chor, der nach einer Weile abrupt abzubricht. Die Gesangstrophe klingt wie „dui-dui“ und wird mit Unterbrechungen oft wiederholt. Auch eine Gemeinschaftsbalz der Hähne wurde beobachtet, was für diesen kleinen Hühnervogel einmalig sein dürfte.

Nester sind unter überhängenden Felsen oder im Schutz von Grasstauden ausgescharrte Erdmulden. Vollgelege bestehen aus vier bis sechs einfarbig ockergelben Eiern, deren Erbrütungsdauer noch unbekannt ist.

Felsenhühnchen werden nur selten importiert und sind bereits 1878 in Frankreich gezüchtet worden.

Steinhühner *(Alectoris)*

Nur wenig größer als Rebhühner sind die sieben Arten der Steinhühner, in deren Gefieder einheitlich gelbliche, braune, weinrötliche und graue Farbtöne dominieren, während die komplizierten Federmuster vieler Kleinhühner mit ihren Streifen-, Strichel- und Wellenbändern und -mustern fehlen.

Allen Steinhühnern gemeinsam ist die korallenrote Färbung von Schnabel, Augenwachshaut und Beinen, eine schwarz-braun-gelbe Flankenbänderung sowie die mit einer Ausnahme *(A. philbyi)* helle, schwarz umsäumte Gesichts- und Kehlregion. Die Flügel sind kurz und rund, die 14 bis 16 Steuerfedern mittellang mit schwach gerundetem Ende. Die Geschlechter sind gleich gefärbt, die Hennen kleiner als Hähne. Letztere tragen Sporenhöcker an den Läufen.

Für die Arterhaltung haben Steinhühner eine besondere Strategie entwickelt: Häufig erbrütet der Hahn das Erstgelege seiner Henne und diese ein Zweitgelege, wonach jeder Partner seine Küken allein aufzieht. Dies war vor über 2000 Jahren bereits Aristoteles bekannt, doch wurde sein Bericht von modernen Ornithologen als antikes Märchen abgetan, bis man Steinhähne mit großen Brutflecken, das heißt federlosen, stark durchbluteten Bezirken der Bauchhaut sowohl auf Gelegen brütend wie Küken führend antraf. Inzwischen weiß man, dass diese Brutstrategie bei allen Steinhuhnarten vorkommt, aber nicht die Regel ist.

Von amerikanischen Zahnwachteln ist übrigens ein ähnliches Verhalten bekannt. Vollgelege der Steinhühner bestehen im Durchschnitt aus acht bis 14 dick- und hartschaligen gelblichen bis blassbräunlichen, dunkel gefleckten Eiern. Habitate der Steinhühner reichen von heißen Steinsteppen über aride Hügelberge bis zur alpinen Hochgebirgszone nahe der Schneegrenze.

Chukarhuhn *(Alectoris chukar)*

Die weiteste Verbreitung der Steinhuhnarten hat das Chukarhuhn. Sie erstreckt sich vom südöstlichen Balkan im Westen ostwärts über Vorder- und Innerasien bis zur Mandschurei, nach Einbürgerungen durch den Menschen über Teile Nordamerikas, die Hawii-Inseln, Neuseeland und kleine Teile Südafrikas.

14 beschriebene Unterarten, die vielfach durch Übergangspopulationen fließend ineinander übergehen, sind als geografisch bedingte Kline zu werten:

A. c. chukar: Ost-Afghanistan, Kaschmir und der Himalaja bis West-Nepal.

A. c. cypriotes: Bulgarien, Ägäische Inseln, Kreta, Rhodos, Kleinasien.

A. c. sinaica: Syrien südwärts durch Libanon und Israel bis zum Sinai.

A. c. kurdestanica: Kaukasus, Transkaukasien, Nord-Iran, Teile Kurdistans.

A. c. werae: Zagrosgebirge (West-Iran), Luristan bis Fars, Ost-Irak.

A. c. koroviakowi: Ost-Iran ostwärts bis Sind (Pakistan), West-Afghanistan.

A. c. subpallida: Hügelberge der Kisilkumwüste Südwest-Usbekistans ostwärts bis zur Karakumwüste.

A. c. falki: Nördliches Zentral-Afghanistan südwärts bis zum Pamir, nordwärts bis nach Kasachstan, ostwärts bis West-Sinkiang (West-China).

A. c. dzungarica: Nordwest-Mongolei, ehemals Russischer Altai, Zaisanbecken, südwärts bis zum Tarbagatai, dem Dsungarischen Ala Tau bis zum Ili-Tal, ostwärts bis zum Gebiet von Kuldja (West-Sinkiang).

A. c. pallescens: Nordost-Afghanistan ostwärts bis Ladak und West-Tibet.

A. c. pallida: Berge des Tarimbeckens in West- und Süd-Sinkiang (China).

A. c. fallä: Südhänge des Tian Schan und dessen östliche Ausläufer.

A. c. pubescens: Liaoning (Südwest-Mandschurei), Schantung, Schensi, westwärts die Innere Mongolei, Kansu, Nodwest-Szetschuan, Ost-Tsinghai.

A. c. potanini: Mongolischer Altai vom Quellgebiet des Kara-Irtysch bis Mittel-Kobdo, die Zentral-Gobi, das Alaschangebirge.

Bei der Nominatform sind die Stirn und eine Binde, die die Augen und einen rotbraunen Ohrdeckenfleck umzieht, danach abwärts verlaufend über den Seitenhals die Kehle umrundet, schwarz. Scheitel weinrötlich, an den Seiten und auf dem Hinterkopf in Aschgrau übergehend; ein grauweißes Überaugenband über der Augen- und Ohrregion; Oberrücken und Schultern weinrötlich, Unterrücken, Bürzel und Oberschwanzdecken aschgrau; Schwanzfedern gelbgrau, das Mittelpaar mit rotbrauner Endhälfte; äußere Schulterfedern aschgrau mit rötlicher Säumung; kleine und mittlere Flügeldecken sowie innere Armschwingen wie der Rücken gefärbt; äußere Flügelfedern aschgrau, Arm- und Handschwingen braun mit hell-

Das Chukarhuhn ist das am weitesten verbreitete Steinhuhn.

gelblichem Fleck auf der Außenfahnenmitte. Zügel, Wangen, Kinn, Kehle bis auf die schwarze Kinnspitze und einen schwarzen Schnabelwinkelfleck hellockergelb; Oberbrust in der Mitte aschgrau, die Seiten weinrötlich, die unteren Brustpartien grau; übrige Unterseite hellgelblich, auf den Flanken mit auffälliger schwarzer und rotbrauner Bänderung. Schnabel, Augenwachshaut und Beine korallenrot.

Das indische Wort „Chukar“ (sprich „Tschukar“) ist phonetisch und gibt recht gut den Sammelruf versprengter Truppmitglieder sowie den Warnruf der Revierhähne an eindringende fremde Männchen wieder. Das Ganze klingt dann wie „tschuk ... tschuk ... tschuk ... pertschuk ... tschukar-tschukar-tschukar ... tschukara-tschukara-tschukara“. Im Übrigen ist das Stimmrepertoire des Chukar sehr reichhaltig, worauf aber hier nicht näher eingegangen werden kann.

Die überaus anpassungsfähige Art besiedelt erfolgreich so unterschiedliche Habitate wie glühend heiße Wüstensteppen, große Waldlichtungen und Schutthalden an der Schneegrenze von Hochgebirgen bis in Höhen von 4600 m. Die Brutzeit währt in Abhängigkeit von der Höhenlage des Reviers von Anfang April bis Mitte Juli. Zur Verteidigung der Brutreviere liefern sich die Hähne heftige Kämpfe. Vollgelege bestehen aus sieben bis zwölf hart- und glattschaligen, sahnegelben bis graubraunen Eiern mit spärlicher rötlich brauner Sprenkelung, aus denen nach 22- bis 24-tägiger Erbrütung die Küken schlüpfen. Die Familien rotten sich später zu Trupps und Herden von 50 und mehr Vögeln zusammen.

Der Flug des Chukar ist schnell und kräftig und führt an Berghängen stets talwärts. Auch Chukars trockenster Habitate benötigen täglich Wasser und legen oft weite Strecken zu Wasserstellen zurück. Im Vorderen Orient werden diese Hühnchen gern gekäfigt, aber auch frei in Haus und Hof gehalten und fungieren dann als eine Art Haushund, der Besucher wütend attackiert. In Pakistan wird die Aggressivität der Männchen gern zu Hahnenkämpfen missbraucht. Chukarhühner sind stets im Handel erhältlich.

Alpensteinhuhn *(Alectoris graeca)*

Das Alpensteinhuhn der Alpen Italiens und großer Teile der Balkangebirge wurde früher wegen seiner großen Ähnlichkeit mit dem Chukarhuhn für conspezifisch mit ihm gehalten. Inzwischen hat sich die Meinung durchgesetzt, dass es sich unter anderem aufgrund des sehr unterschiedlichen Stimmrepertoires beider Formen um selbstständige Arten handeln muss.

Wo die Verbreitungsgebiete im Südosten der Balkanhalbinsel aufeinander treffen, weicht das Chukarhuhn gewöhnlich auf niedrigere Lagen aus. Doch haben bulgarische Ornithologen über eine im Rhodope-Gebirge und der Planina Süd-Bulgariens zwischen 600 bis 700 m und 1000 bis 1300 m hoch gelegene, etwa 80 km lange und 5 bis 10 km breite Hybridzone zwischen beiden Arten berichtet.

Vom Alpensteinhuhn werden drei Unterarten unterschieden:

A. g. graeca: Dinarische Gebirge bis in die Stara Planina/Balkan, westbulgarische Rhodopen, Pindus bis Peloponnes, Jonische Inseln.

A. g. säatilis: Alpenketten, Hochapennin, Slowenien südwärts bis Crna Gora.

A. g. whitakeri: Sizilien.

Das Alpensteinhuhn ähnelt in seiner Zeichnung sehr dem Churkarhuhn.

Farbliche Unterschiede des Alpensteinhuhns zum Chukarhuhn sind ein schwarzer Zügel, der schmale weißliche Überaugenstrich über dem schwarzen Augenband, ein fast weißer Kehllatz, vorwiegend schwarze Ohrbüschel und die insgesamt blaugraue statt bräunliche Oberseite.

Habitate des Alpensteinhuhns sind sonnige trockene Südhanglagen der Gebirge mit Zwergstrauchgesellschaften, lockeren Lärchen- und Fichtenbeständen in Höhen zwischen 1200 und 1500 m.

Sein Verhalten gleicht im Wesentlichen dem des Chukar. Statt dessen gutturalem „tschuk, tschuk, tschukar“ ruft es „kakabi, kakabit, kakab“ und warnend kleiberartig „witt-witt“. Laut Bezzel (1984) nimmt das Alpensteinhuhn in unserer Vogelwelt eine Sonderstellung ein, weil es als einzige Art des mediterranen Faunenbereichs die Alpen besiedelt und dort ganzjährig lebt. Anpassungen an hochwinterliche Bedingungen des Hochgebirges fehlen ihm jedoch. So verbringt es zum Beispiel nicht die kalten Winternächte in selbstgegrabenen Schneehöhlen wie das Schneehuhn. Dass seine Bestände daher auch ohne Jagddruck von Jahr zu Jahr fluktuieren, ist also nicht verwunderlich. Da das Alpensteinhuhn weniger anpassungsfähig und nicht so reproduktiv ist wie das Chukarhuhn, besteht nach immer neuen Auswilderungen des Letzteren in Frankreich und Italien die Gefahr der allmählichen Verdrängung durch Hybridpopulationen. Die Brutdauer beträgt 24 bis 26 Tage.

Przewalskis Steinhuhn *(Alectoris magna)*

Dem Chukarhuhn recht ähnlich und deshalb früher für eine Unterart desselben gehalten ist das Przewalskis Steinhuhn aus China, wo es Tsinghai vom Tarimbecken südwärts bis zum Quellgebiet des Hoangho, ostwärts bis ins Kukunor-Gebiet (Nan Shan) sowie Südost-Kansu im Kweininggebiet bewohnt.

Die Art unterscheidet sich von *A. chucar* durch schwarze Zügel wie bei *A. graeca*, fehlenden schwarzen Kinnfleck sowie ein schmales doppeltes Halsband, das innen schwarz, außen rotbraun gefärbt und im vorderen Kehlbereich nur undeutlich ausgebildet ist. Die schwarze Flankenbänderung ist so schmal wie bei *A. graeca*, die Oberseite fast identisch mit *A. chukar* pubescens. Mit Letzterer ist *A. magna* in Tsinghai und Kansu sympatrisch, lebt aber in Berglagen zwischen 2400 und 2700 m, während *A. chukar* unterhalb bis 2100 m vorkommt. Hybriden sind bislang nicht gefunden worden.

Przewalskis Steinhuhn bewohnt Lösshügelberge mit tiefen Erosionsschluchten und Steilhängen, die stellenweise mit Gras und niedrigem Buschwerk bewachsen sind. Die Art ist nicht so lautfreudig wie das Chukarhuhn. Eine Strophe klingt wie „kuta kuta", wenn sich die Vögel zum Abflug entschlossen haben. Vollgelege bestehen durchschnittlich aus acht blassbraunen Eiern, die mit dunkelbraunen Flecken nicht sehr dicht bedeckt sind.

Rothuhn *(Alectoris rufa)*

Die Iberische Halbinsel, Süd-Frankreich und Nordwest-Italien sind die Heimat des Rothuhns, das erfolgreich auf den Azoren, Gran Canaria, Madeira, den Balearen, Korsika und in England eingebürgert wurde.

Drei Unterarten werden unterschieden:

A. r. rufa: Nordwest-Italien, Elba, Korsika, Süd- und Mittel-Frankreich, Süd-England.

A. r. hispanica: Nord- und Nordwest-Spanien, Nord- und Mittel-Portugal.

A. r. intercedens: Süd- und Ost-Spanien.

In Südeuropa wurde das Rothuhn auch auf einigen Inseln eingebürgert.

Bei der Nominatform geht das Blaugrau des Vorderscheitels zum Nacken hin allmählich in Rotbraun über. Ein weißes Band zieht von der Schnabelwurzel über Augen und Ohrdecken zum Nacken. Darunter verläuft ein schwarzes Band durch die Augen und die Ohrdecken den Seitenhals abwärts quer über die Kehle auf die andere Körperseite und umsäumt damit die isabellweißen Bezirke von Kinn, Kehle und Wangen. Ohrdecken rotbraun, Seitenhals perlgrau mit schwarzer Längsstreifung; das schwarze Kehlband verbreitert sich auf der Kropfmitte zu einem Latz, der sich bauchwärts in schwarze Tropfenflecke auflöst. Mantel und Kropfseiten zimtbraun, die Oberseite dunkelolivgrau; Schwanzfedern bis auf das graue Mittelfederpaar zimtbraun; Brust blaugrau, Bauch und Unterschwanzdecken dunkelorange, die Flanken cremefarben, schwarz und kastanienbraun gebändert. Schnabel, Augenwachshaut und Beine lackrot.

Habitate des Rothuhns sind ebenes bis welliges Gelände auf leichten Böden, im Süden des Verbreitungsgebietes aber auch Gebirge bis 2000 m Höhe. Gegen Ende des 16. Jahrhunderts brütete es an den Hängen des Rhein-, Aar- und Neckartales, bis Ausgang des 19. Jahrhunderts im Schweizer Jura. Eine um 1560 einsetzende Klimaverschlechterung in Europa bewirkte sein Verschwinden aus den genannten Gebieten.

Zur Brutzeit rufen die Hähne „go tschak-tschak-tschak-go tschak tschak“, was dem taktmäßigen Dampfausstoßen einer Lokomotive ähnelt. Vollgelege enthalten zehn bis zwölf cremeweiße bis hellisabellgelbe, mit rotbraunen und braunen Punkten bedeckte Eier, aus denen nach 23 bis 24 Tagen die Küken schlüpfen. Im Herbst bilden Rothühner Völker aus bis zu 40 Mitgliedern.

Die erfolgreiche Einbürgerung des Rothuhns in Süd-England gelang um 1770 zwei englischen Adeligen, die aus Frankreich bezogene Eier von Haushennen erbrüten und die Nachzucht auf ihren Besitzungen auswildern ließen. Seither ist das Rothuhn in Süd- und Mittel-England zu einem beliebten Jagdwild geworden. Nachdem während der letzten Jahre die Chukarhühner und deren Hybriden mit dem Rothuhn auch in englischen Revieren ausgewildert worden waren und man eine zunehmende Bastardierung der Rothuhnbestände feststellen musste, ist ein Aussetzen von Chukarhühnern und Rothuhnhybriden im Vereinigten Königreich seit September 1992 unter Strafe gestellt worden.

Eine ohne menschliches Zutun entstandene Hybridpopulation zwischen Rothuhn und dem Alpensteinhuhn existiert in einem schmalen, etwa 5 km breiten Streifen entlang der Ausläufer der südlichen Französischen Seealpen.

Philbys Steinhuhn *(Alectoris philbyi)*

Eine für die Gebirge Südwest-Arabiens endemische Art ist Philbys Steinhuhn aus der Umgebung von Taif südwärts bis zu den Asirbergen. Über Sichtbeobachtungen wurde nördlich von Ras el Khaima in Oman berichtet.

Von Philbys Steinhuhn sind keine Unterarten bekannt.

Bei ihm ist der Scheitel aschgrau; ein grauweißes Band zieht um die Stirn herum über die Augen und Ohrdecken hinweg bis zum Seitenhals. Ohrdecken, Wangen, Kinn und Kehle bilden einen einheitlichen schwarzen Bezirk, Oberseite und Brust sind hellsandgrau, Bürzel und Schwanz blaugrau mit rotbrauner distaler Hälfte der seitlichen Schwanzfedern, die besonders im Flug auffallen; Bauch und Unterschwanzdecken zimtfarben, die weiß-schwarz-rotbraune Flankenbänderung schmal und dicht. Schnabel, Augenwachshaut und Beine korallenrot.

Habitate der Art sind schütter mit Gras und niedrigem Buschwerk bewachsene felsige Berghänge und Schluchten in Höhen ab 1500 m aufwärts. Am häufigsten wird sie in Höhen über 2400 m angetroffen. Der Revierruf der Hähne klingt wie „tschuk tschuk tuschk kar" mit Betonung der letzten Silbe. Die Strophe wird immer wieder im Rhythmus einer Dampflock wiederholt. Vollgelege enthalten fünf bis acht Eier, die von Chukarhuhn-Eiern nicht unterscheidbar sind. Die Brutdauer beträgt 25 bis 26 Tage.

Schwarzkopf-Steinhuhn *(Alectoris melanocephala)*

Eine weitere endemische Art südarabischer Gebirge und die größte der Gattung ist das Schwarzkopf-Steinhuhn, von dem zwei Unterarten beschrieben wurden:

A. m. melanocephala: Djidda südwärts bis Aden, ostwärts bis Süd- und Ost-Oman einschließlich Maskats. In Midyan (Nordwest-Arabien) eingebürgert.

A. m. quichardi: Ost-Hadramaut.

Das Schwarzkopf-Steinhuhn ist der größte Vertreter dieser Gattung.

Bei der Nominatform sind Oberkopf und Nacken braunschwarz; ein breites weißes Überaugenband erstreckt sich vom Zügel bis zu den Hinterkopfseiten; Kinn, Kehle, Vorderhals nebst vorderer Wangenhälfte weiß; ein schmales schwarzes Band verläuft vom Unterzügel unterhalb der Augen und oberhalb der Ohrdecken, um danach sehr verbreitert den Seitenhals hinabzulaufen und quer über den Unterhals auf die andere Körperseite zu ziehen; Hinterhals rostbraun, die übrige Oberseite blaugrau, die Federn mit schmalen ockerbraunen Säumen; Schwanzfedern ebenso, nur die Unterhälfte der äußeren Steuerfedern schwarz, was besonders im Flug auffällt. Brust blaugrau mit rostbraunen Federsäumen, die übrige Unterseite hellisabellfarben, die Flanken hellblaugrau, hellocker und schwarz gebändert. Schnabel korallenrot, die Augenwachshaut sowie ein kleines nacktes Hinteraugenfeld rosenrot, Beine trüb rot.

Habitate der Art sind mit Büschen und anderer Vegetation bedeckte Felshänge, Wadis und Hochplateaus. Zur Erntezeit werden gern Feldfrüchte geplündert. Wasserstellen werden täglich zweimal aufgesucht. Dort, wo Philbys Steinhuhn und Schwarzkopf-Steinhuhn sympatrisch sind, bewohnt Letzteres niedrigere Berglagen zwischen 300 und 2800 m.

Die Stimme der Hähne ist eine Serie schnell wiederholter Tonsilben, die wie „que-que, que-que" klingen. Eine andere Strophe klingt wie „kok, kok, kok, kok, kok, tschok-toschoktuschuuk". Vollgelege bestehen aus fünf bis acht steinweißen, dicht hellbraun gesprenkelten Eiern, aus denen nach 24-tägiger Erbrütung die Küken schlüpfen. Paare mit Küken schließen sich mit anderen Küken führenden Paaren zu Gruppen von acht bis zehn Mitgliedern zusammen.

Das Felsenhuhn ist im Gebirge der Sahara anhzutreffen.

Felsenhuhn *(Alectoris barbara)*

Für Nordafrika endemisch ist das Felsenhuhn, auch Klippenhuhn genannt, welches hauptsächlich die nördlichen Randgebiete der Sahara von Nordwest-Ägypten westwärts bis Marokko bewohnt, auch in Gebirgen der Zentral-Sahara überlebt hat und wahrscheinlich vom Menschen auf den Kanaren eingeführt wurde.

Vier Unterarten, die in den Randgebieten ihres Vorkommens durch Mischpopulationen verbunden sind und deshalb geografische Kline darstellen, wurden beschrieben:

A. b. barbara: Nord-Marokko, Nord-Algerien, Nord- und Zentral-Tunesien. Auf Sardinien, in Süd-Spanien (Gibraltar) und Süd-Portugal eingebürgert.

A. b. spatzi: Nordwest-Mauretanien, südlichstes West-Marokko, Ost-Marokko südlich des Atlas, Algerien von den Südausläufern des Sahara-Atlas, Süd-Tunesien, Nord-Tripolitanien, südwärts zum Mzab in der Algerischen Sahara, das Gebiet von Hassi el Abiod südlich Ghardaias, in der Zentral-Sahara das Tassili-n-Ajjer und Hoggar-Gebirge.

A. b. koenigi: Nordwest-Marokko und die Kanareninseln Teneriffa, Lanzarote und Gomera.

A. b. barbata: Libyen (Nord-Cyrenaica, Nord-Libyen) bis Nordwest-Ägypten.

Bei der Nominatform sind Oberkopf und Nacken dunkelkastanienbraun; ein vom Zügel über Augen und Ohrdecken zu den Hinterkopfseiten ziehendes breites Band, Gesicht, Kinn und Kehle aschgrau; Ohrdecken rotbraun; ein dunkelrostbrauner, dicht weiß gesprenkelter Bezirk auf Vorder- und Seitenhals; Oberseite hellgrau, die Federsäume olivbraun, auf den Schultern breit rostbraun; Schwanzfedern im Zentrum grau, den Seiten braun; Brust aschgrau, die Flankenfedern schwarz, rotbraun und isabellgelb gebändert; Unterbrust und Seitenbauch rostbraun, der Mittelbauch isabellgelb. Schnabel orange- bis karminrot; Augenwachshaut orange, Beine erdbeerrot.

Die Art bewohnt zahlreiche Habitate, wie Macchien, Euphorbiensteppen, Kulturland, Eukalyptuswälder sowie Gebirge bis zur Schneegrenze in über 3000 m Höhe. Der Revierruf der Hähne ist ein raues, kratzendes „krrraiik“, das scheinbar endlos wiederholt und von Nachbarhähnen beantwortet wird. Der Sammelruf ist ein an Haushennengackern erinnerndes „kutchuk kutchuk“. Vollgelege enthalten zehn bis 14 hellisabellfarbene Eier mit rotbrauner Pünktelung und bräunlichen Flecken. Die Brutdauer beträgt 25 Tage. Die Familie bleibt bis zur nächsten Brutsaison zusammen. Trupps aus mehreren Familien werden beim Felsenhuhn nicht gebildet.

Sandhühner *(Ammoperdix)*

Bewohner steiniger Halbwüsten Nord-Afrikas, Arabiens, Vorderasiens und West-Pakistans sind die Sandhühner. Die in der Größe zwischen Wachtel und Rebhuhn stehenden zierlichen Hühnchen zeichnen sich durch sandbraune Wüstenfärbung, gerundete Flügel, einen kurzen geraden, hinten gerundeten, 12-fedrigen Schwanz und hohe Läufe aus, die bei einigen Hähnen Sporenknöpfe tragen können. Die Geschlechter sind verschieden gefärbt. Nächste Verwandte der eine Superspezies bildenden beiden Arten sind die Steinhühner *(Alectoris)*.

Arabisches Sandhuhn *(Ammoperdix heyi)*

Das Arabische Sandhuhn bewohnt Ägypten östlich des Nil, den Südost-Sudan, Süd-Arabien und das Jordantal.

Vier Unterarten werden unterschieden:

A. h. heyi: Das Jordantal südwärts bis zum Sinai, Nodwest-Saudi-Arabien, wo sie in die Unterart *intermedia* übergeht, lokal bis Oman und Hadramaut.

A. h. intermedia: West-Saudi-Arabien südlich von *heyi*, südwärts bis Aden und Muskat.

A. h. nicolli: Ägypten östlich des Nils südwärts bis zum 27. nördlichen Breitengrad.

A. h. chomleyi: Ägypten südlich von *nicolli*, südwärts bis in den Nordost-Sudan, ostwärts bis zur Küste des Roten Meers.

Hähne der Nominatform haben einen blaugrauen Kopf mit weinrötlichem Anflug, cremeweiße Zügel und Ohrdecken, Kinn und Oberkehle sind rostrot; Oberseite größtenteils sandgelb, weinrötlich getönt; Hinterrücken bis Schwanz hellgrau, zart dunkelgrau wellengebändert. Unterseite weinrötlich sandgelb, die großen Flanken- und Bauchseitenfedern mit rotbraunen Außenfahnen und schwarzen Seitensäumen; Bauchmitte isabellfarben.

Hier erkennt man gut die unterschiedliche Zeichnung der Geschlechter beim Arabischen Sandhuhn.

Hennen sind blass sandfarben mit dunklerer, zarter Wellenbänderung. Schnabel bei beiden Geschlechtern orangegelb, die Füße trübgelb.

Habitate der Art sind von Schluchten durchzogene Lössberge mit Wasserstellen. Dort leben die Hühnchen außerhalb der Brutzeit in Gesellschaften von 20 bis 40 Vögeln zusammen. Nur während der kühlen Morgen- und Abendstunden sind sie aktiv. Während der glühenden Mittagshitze ziehen sie sich in kühle Felsnischen zurück. Zweimal täglich erscheinen sie an den Tränken. Doch scheint Oberflächenwasser nicht lebensnotwendig zu sein, denn man fand sie manchmal auch in wasserlosen Gebieten und nimmt an, dass sie ihren Flüssigkeitsbedarf dort aus sukkulenten Pflanzen und Insekten decken.

Mit Beginn der Brutzeit kämpfen die Hähne erbittert um ihre Reviere. Auf erhöhten Plätzen stehend, rufen sie laut und bellend „Kju-kju-kju“. Vollgelege bestehen aus fünf bis sieben isabellgelben, hartschaligen Eiern mit glänzender Oberfläche, aus denen nach 27- bis 28-tägiger Bebrütung die Küken schlüpfen. Führende Hennen verjagen oft Artgenossinnen und übernehmen deren Kinderschar. Ebenso nehmen sie verwaiste Küken auf, sodass man Hennen mit bis zu 60 Jungvögeln beobachtet hat. Da gelegentlich auch Küken führende Hähne beobachtet wurden, ist zu vermuten, dass sie die Aufgabe verunglückter Hennen übernommen hatten.

Persisches Sandhuhn *(Ammoperdix griseogularis)*

Die zweite Art der Gattung, das Persische Sandhuhn, bewohnt ohne Unterarten die Südost-Türkei, den Irak, den Iran ostwärts bis Pakistan (Belutschistan, die Nordwest-Provinz bis zum Salt Range und die Kirthar Hills, nordostwärts Südost-Usbekistan und West-Tadschikistan).

Beim Hahn sind Scheitel, Nacken und Halsseiten grau mit weinrötlicher Tönung und zarter weißlicher Tüpfelung auf Halsseiten und Nacken, Stirn und ein schmaler Überaugenstreif sind schwarz; Zügel und ein auffälliger Hinteraugenfleck weiß, darunter ein weiterer schwarzer Streif; Oberseite braunisabellfarben; Kinn weiß, Kehle hellgrau, Kropf und Brust hellgraubraun mit weinrötlicher Tönung; große, langovale Flankenfedern haben eine roströtliche Außenfahne, isabellfarbene Innenfahne und sind beiderseits schmal schwarz gesäumt; Mittelbauch isabellfarben.

Die Hennenfärbung ist der von *A. heyi* recht ähnlich. Im Unterschied zu ihr weist die Sprenkelung von Halsseiten und unterer Kopfregion schmale weiße Flecke statt fuchsroter Bänderung auf. Bei beiden Geschlechtern ist der Schnabel orangegelb, die Beine sind wachsgelb.

Habitate der Art sind Vorgebirge und die unteren Gebirgsgürtel mit Steilhängen, Geröllhalden und Schluchten östlich bis in Höhen von 1200 bis 1600 m. Beliebte Aufenthaltsorte dort sind lehmiger Untergrund, Sandablagerungen und Kalkgestein. Oberflächenwasser in Form kleiner Tümpel und Pfützen wird regelmäßig, manchmal aus einer Entfernung bis zu 8 km, aufgesucht. Das Vorkommen der Sandhühner in Ebenen ist stets auf dort vorhandene Bodenerhebungen beschränkt.

Während von *A. heyi* über erbitterte Kämpfe der Hähne um die Brutreviere berichtet wird, konnten Ilicew und Flint (1989) keine derartigen Beobachtungen machen. Nach ihnen hielten sich die Hähne zu dieser Zeit auf Bodenerhöhungen auf und „pfiffen leise“, eine Mitteilung, die von anderen Beobachtern nicht bestätigt wird. Danach stößt der Revierhahn ein endlos wiederholtes „hu-it“ aus. Wäre es leise, könnten es eindringende Artgenossen vermutlich gar nicht hören.

Vollgelege bestehen durchschnittlich aus acht bis zwölf isabellgelben Eiern. Die Eltern ziehen gemeinsam die Jungen groß. Diese sind bereits in den ersten Lebenstagen erstaunlich selbstständig und vermögen sich bei Verlust der Eltern allein durchzuschlagen, schließen sich aber auch häufig führenden Hennen an. Auf der Flucht vor Bodenfeinden rollen Sandhühner wie Mäuse über unwegsames Geröll und fliegen nur bei unmittelbarer Gefahr auf, wobei ihre Schwingen ein pfeifendes Geräusch „si-si“ erzeugen, das ihnen zu dem angloindischen Namen „See See“ verholfen hat. Vor Luftfeinden drücken sich die Hühnchen in den Sand, durch ihre kryptische Färbung vollständig mit der Umgebung verschmelzend, und verharren regungslos, bis die Gefahr vorüber ist.

Haldenhühner *(Lerwa)*

Schneehuhngroße Gebirgsbewohner der Himalajaketten und benachbarter Gebirge sind die Haldenhühner, auch Lerwahühner genannt. Sie besitzen einen leicht gebogenen kräftigen Schnabel, kurze Flügel mit zugespitzten Handschwingen und einen 14-fedrigen, hinten leicht gerundeten Schwanz. Die kurzen, stämmigen Läufe sind bis zur Mitte befiedert und bei den Hähnen mit einem Sporn bewehrt. Die Geschlechter sind gleich gefärbt.

Die wie bei den Raufußhühnern (Tetraoninen) teilweise befiederten Läufe haben zu Spekulationen darüber geführt, ob *Lerwa* als ein verbindendes Glied zwischen Raufuß- und Glattfußhühnern (Phasianinen) aufzufassen sei. Jedoch dürfte es sich um eine Konvergenz in gleichen Lebensräumen handeln. Nahe Verwandte unter den Phasianinen scheint *Lerwa* nicht zu haben. Vielleicht bringen vergleichende serologische Untersuchungen etwa mit *Tetraogallus* und *Tetraophasis* Aufklärung darüber.

Haldenhuhn *(Lerwa lerwa)*

Die einzige Art der Gattung bewohnt die Himalajaketten von Kaschmir und Garhwal im Westen bis nach Assam, Süd- und Ost-Tibet im Osten, dazu Hochgebirge Nord-Jünnans bis Nordwest-Szetschuans sowie Süd-Kansus.

Bei beiden Geschlechtern sind Kopf, Hals und Oberseite einschließlich der Flügeldecken schmal und dicht schwarz und weiß gebändert; Unterseite dunkel kastanienbraun mit breiter, weißer Längsstreifung; Schnabel und Beine korallenrot.

Habitate der Art sind schroffe zerklüftete Felsformationen mit alpinen Grasmatten und Schutthalden zwischen Schneegrenze und oberem Waldsaum in 2900 und 5500 m Höhe. Die Schutzfärbung der Haldenhühner ist so perfekt, dass man sie selten zu Gesicht bekommt, doch verraten sie ihre Anwesenheit gewöhnlich durch lautes Alarmgackern. Auf der Flucht stürzen sie sich mit gellendem Warngeschrei, unterbrochen von schrillen Pfiffen, in rasendem Flug in die Tiefe, dabei mit geschickten Flugwendungen haarscharf um Felsecken biegend.

Außerhalb der Brutzeit leben sie in Gruppen von bis zu 30 Vögeln zusammen. Diese lösen sich in Abhängigkeit von der Schneeschmelze gegen Mitte Mai auf. Dann besetzen die Paare ihre Brutreviere. Nester werden gut getarnt oft im Schutz überhängender Felsen angelegt. Vollgelege umfassen drei bis fünf rahmfarbene, mit kleinen rotbraunen Punkten und gröberen Flatschen übersäte Eier. Beide Partner ziehen die Jungen groß. Ein Haldenhuhn wurde 1930 im Nürnberger Zoo gehalten.

Keilschwanzhühner *(Tetraophasis)*

Bewohner innerasiatischer Gebirgswälder sind die jagdfasanengroßen Keilschwanzhühner. Wegen des von ihnen bevorzugten Habitats wurden sie von dem deutschen Tibetforscher Ernst Schäfer Waldfelsenhühner getauft. Sie zeichnen sich durch einen kräftigen Schnabel, stämmige Läufe mit einem Sporn bei den Hähnen, ein unbefiedertes, rotes Augenfeld, gerundete Flügel sowie den längeren, keilförmigen Schwanz aus 18 Federn aus. Ein weiteres Gattungskennzeichen sind ferner dunenartige Federbüschel unter dem Flügel. Die Geschlechter sind gleich gefärbt. Das gelbbräunliche bis rahmfarbene Ei ist mit kleinen rotbraunen Punkten und Flecken bedeckt. Die beiden Arten gehören einer Superspezies an.

Braunkehl-Keilschwanzhuhn *(Tetraophasis obscurus)*

Beim Braunkehl-Keilschwanzhuhn von Mittel-Kansu, Ost-Tsinghai, Nord- und West-Szetschuan sind Oberkopf, Zügel und Wangen braungrau mit schwarzer Federschäftung; übrige Oberseite olivbraun, Vorderrückenfedern mit schwarzem Endfleck; Bürzel, Oberschwanzdecken und mittlere Schwanzfedern heller, die seitlichen mit schwarzer Oberhälfte und alle mit weißem Endteil. Kinn und Kehle

Beim Rostkehl-Keilschwanzhuhn sind beide Geschlechter gleich gefärbt.

kastanienbraun, schmal rahmgelb umsäumt. Vorderhals, Kropf und Brust dunkelolivgrau, alle Federn mit dreieckigem, schwarzem Endfleck; Flanken hellrostbraun mit breiten ockergelben Endsäumen, der Mittelbauch isabellfarben, die Unterschwanzdecken kastanienbraun, breit ockergelb gesäumt. Schnabel schwarz, die nackte Augenumgebung rot, die Beine rötlich braun.

Rostkehl-Keilschwanzhuhn *(Tetraophasis szechenyii)*

Bei der zweiten Art, dem Rostkehl-Keilschwanzhuhn, das West-Szetschuan vom Yalongfluss bis zu den Grenzen Tsinghais, südwärts Nord-Jünnan bis zur Likiang-Gebirgskette und westwärts Süd-Tibet bewohnt, sind Kinn und Kehle rostgelb, Hinterhals und Vorderrücken dunkelbraun, Hinterrücken und Bürzel grau, die Oberbrust dunkelgrau mit schwarzer Dreiecksfleckung. Keilschwanzhühner bewohnen mit Nadelwäldern und Rhododendren bestandene Berghänge und Schluchten bis zur oberen Waldgrenze in Höhen von 3350 bis 4878 m.

Während der Wintermonate leben sie in Familiengruppen aus vier bis acht Vögeln zusammen. Auf Nahrungssuche scharren und graben sie im Erdboden. Die Übernachtungsplätze liegen auf Bäumen. Bei Gefahr rufen sie laut und kreischend und fächern dabei den Schwanz. Der Flug ist schwirrend und reißend schnell. Über die Brutbiologie ist nur sehr wenig bekannt. Gelege mit vier Eiern wurden ab Ende April gefunden, Paare mit Küken in Tibet ab Ende Mai bis in den August hinein beobachtet.

1982 wurde aus den USA die Haltung von 15 Rostkehl-Keilschwanzhühnern mitgeteilt. Berichte darüber scheinen nicht veröffentlicht worden zu sein.

Königshühner *(Tetraogallus)*

Birkhahn- bis auerhahngroß und damit die größten Feldhühner überhaupt sind die Königshühner, welche in fünf Arten Hochgebirge vom Kaukasus im Westen bis zum Kuenlun-Gebirge im Osten bewohnen.

Sie sind durch einen kräftigen, etwas gekrümmten Schnabel, gerundete Flügel und den relativ langen, keilförmigen Schwanz mit gerundeten Enden, der kaum von den langen schwarzen Oberschwanzdeckfedern unterscheidbar ist, charakterisiert. Das Gefieder insgesamt zeichnet sich durch große Dichte und Festigkeit aus, die stämmigen kurzen Beine tragen bei den Hähnen am Lauf einen stumpfen Sporn. Die Geschlechter sind im Wesentlichen gleich gefärbt.

Trotz Auerhennengröße erreichen Königshühner nur ein Gewicht von 3 kg. Ihre Eier sind dagegen viel größer als die von Auerhennen und doppelt so schwer als die von Puten. Sie sind dickschalig mit glatter, glänzender Oberfläche und je nach Art rahmfarben bis lehmgelb mit spärlicher Fleckung.

Kaukasus-Königshuhn *(Tetraogallus caucasicus)*

Bei der westlichsten Art, dem Kaukasus-Königshuhn, sind Scheitel, Zügel und Wangen bleigrau, Hinterscheitel und Nacken rostrot getönt; Stirn, ein Überaugenband, Kinn, Kehle, Ohrdecken, Vorder- und Seitenhals sind weiß; Vorderrücken und Vorderbrust mit schwarzer und hellrötlicher Zickzackbänderung; Oberseite im Übrigen dunkelgrau, die Federn mit gelblichen Strahlenmustern sowie weißen und roströtlichen Flecken. Von der Schnabelbasis zieht ein schwarzbrauner Streifen die Halsseiten hinunter; die Unterseite mit Ausnahme der Vorderbrust mit gezackten weißen und schwarzen Binden, die Flanken mit rotbraunen und schwarzen Längsstreifen. Unterschwanzdecken und Handschwingen sind weiß. Schnabel hornfarben, die Augenwachshaut nebst einem nackten Hinteraugenbezirk und die Füße orangegelb.

Habitate der Art sind Geröllhalden und Hangfelsen sowie Schneefelder in Höhen von 1800 bis 4000 m. Im Sommer leiden die Vögel oft unter intensiver Sonneneinstrahlung und weichen auf schattige Nordhänge aus. Von den Wintertrupps aus fünf bis 15 Mitgliedern beginnen sich ab Ende März brutlustige Paare abzusondern. Um die Reviere finden anfangs heftige Hahnenkämpfe statt, später werden sie nicht mehr verteidigt.

Das Gelege aus fünf bis acht Eiern wird von der Henne in 28 Tagen erbrütet. Der Hahn hält zunächst am Nest des brütenden Weibchens Wache, entfernt sich aber zehn Tage vor dem Kükenschlupf und bildet zusammen mit anderen Hähnen Trupps aus drei bis sieben Tieren, die an schwer zugänglichen Plätzen mausern. Die Küken wachsen schnell heran, beginnen mit sieben Tagen zu flattern und erreichen Größe wie Maße der Erwachsenen gegen Ende des 3. Lebensmonats.

Kaukasus-Königshühner sind bisher nur in Russland gehalten und gezüchtet worden.

Kaspi-Königshuhn *(Tetraogallus caspius)*

Südlich des Kaukasus lebt in den armenischen, osttürkischen, westiranischen und transkaspischen Gebirgen das Kaspi-Königshuhn in drei Unterarten:

T. c. caspius: Nord-Iran ostwärts bis Süd-Transkaspien.

T. c. tauricus: Süd- und Ost-Türkei, Armenien, in Südwest-Aserbaidschan, Ost-Armenien und Nordwest-Iran, vermutlich in die Nominatform übergehend.

T. c. semenowtianschanskii: West-Zagrosgebirge bis Schiraz (Iran).

Das Kaspi-Königshuhn ist größer als sein kaukasischer Nachbar. Bei der Nominatform sind Scheitel, Nacken, Vordermantel sowie die unteren Halsseiten mittelgrau mit Isabelltönung; von den Stirnseiten zieht ein schmaler weißer Streifen bis oberhalb der Augen. Oberseite schwarzgrau, die Federn roströtlich bekritzelt und punktiert, auf den Federseiten mit großen rostgelben, auf Schultern und inneren Flügeldecken rotbraunen Flecken; Handschwingen weiß mit schwarzbraunen Enden; Kinn, Kehle, Vorder- und Seitenhals weiß; die Halsteile sind durch ein breites, graubraunes Längsband getrennt, das vom Schnabelwinkel zur seitlichen Kropfregion zieht und dort in ein breites, graues Kropfschild mit schwarzen Flecken übergeht; übrige Unterseite grau mit rostgelbem Anflug, die Federn mit schwärzlichen Querkritzelmustern und auf den Flanken rostroten Längsstreifen; Unterschwanzdecken weiß. Schnabel horngelb, Augenwachshaut, Hinteraugenfeld und Beine orangegelb.

Im Kleinen Kaukasus bewohnt die Art Höhen zwischen 2400 und 4000 m. Die Habitate entsprechen denen von *T. caucasicus*. Die kleinen Wintergesellschaften lösen sich mit Balzbeginn in der zweiten Aprilhälfte auf und die Paare besetzen ihre Brutreviere. Die Henne erbrütet ihr Gelege aus sechs bis neun Eiern vermutlich in 28 Tagen und führt die Küken allein.

Infolge permanenter Überweidung der Bergwiesen durch sommerlichen Almbetrieb ist das Kaspi-Königshuhn der armenischen Berge im Aussterben begriffen, wofür auch ein starker Männchenüberhang spricht, das heißt, auf eine Henne kommen sieben bis acht Hähne. Mit Beginn des Almauftriebs flüchten die Vögel von den Pambakbergen Armeniens regelmäßig ins nahe Akstafa-Bergmassiv. Die Art wurde außerhalb ihrer Heimat noch nicht gehalten.

Himalaja-Königshuhn *(Tetraogallus himalayensis)*

Das größte Verbreitungsgebiet unter den Arten der Gattung weist das Himalaja-Königshuhn auf. Es bewohnt Hochgebirge Nord- und Ost-Afghanistans, den West-Himalaja ostwärts bis Ladak und West-Nepal, das Russische und Chinesische Turkestan nordwärts bis zum Zaisanbecken, ostwärts entlang der Südgrenze des Tarimbeckens das Kunlunschan- und Astindagh-Gebirge sowie Bergzüge entlang der Grenzen Tsinghais und Kansus. Nach Vaurie (1965) ist die Verbreitung klinal, doch komplex.

Fünf Unterarten werden anerkannt:

T. h. himalayensis: Gebirge Ost-Afghanistans ostwärts bis Ladak und West-Nepal.

T. h. sewerzowi: Tianschan-Gebirgsketten nordwärts bis zum Zaysanbecken, ostwärts bis Ost-Sinkiang. Im Pamir geht sie fließend in die Unterart *incognitus* über.

T. h. incognitus: Gebirge Süd-Tadschikistans und Nord-Afghanistans.

T. h. koslowi: Bergzüge der Nanshan- und der südlich davon gelegenen Ching Hai Hu-Gebirgsketten (Koko Nor). Tsinghai und Süd-Kansu.

T. h. grombczewskii: West-Kunlun-Gebirgszüge Nord-Tibets und Süd-Sinkiangs.

Bei der Nominatform sind Oberkopf, Nacken, Zügel und Wangen hellaschgrau, Kinn, Kehle und Halsseiten rahmweiß. Über die Ohrdecken zieht ein rotbraunes Band den Hinterhals abwärts, biegt auf dem Nacken nach vorne und endet auf

Das Himalaja-Königshuhn ist eine imposante Erscheinung und gehört zu den größten Feldhühnern.

dem Unterhals. Ein zweites Band gleicher Farbe entspringt am Schnabelwinkel, zieht als Bartstreif den Hals abwärts und um den Oberhals herum auf die andere Körperseite. Oberseite grauschwarz, die Federn zart blassgrau gekritzelt und mit blass- bis dunkelrostbraunen Seitenbändern ausgestattet. Ein auffällig breites, hellgraues „Medaillon" mit schwarzer Federsäumung nimmt Kropf und Oberbrust ein; übrige Unterseite bleigrau, die Federn zart grau und braun gesprenkelt, die Flanken mit rostfarbenen Streifen versehen. Unterschwanzdecken weiß; Schnabel olivbraun; Augenwachshaut und nackter Hinteraugenfleck gelb bis orange; Beine trüb zinnoberrot.

Habitate der Art sind steinige Steilhänge mit kärglicher Vegetation und von Felstrümmern durchsetzte Alpenwiesen in Höhen von 3000 bis 6000 m. Wintertrupps bestehen oft aus mehr als 20 Vögeln, die bei hohen Schneedecken zu Talwärtswanderungen gezwungen sind. Ende März sondern sich die Brutpaare ab und besetzen Anfang April ihre Reviere. Die Hähne verkünden ihren Revieranspruch durch Flötenpfiffe, die sie auf Bodenerhebungen stehend stundenlang ausstoßen. Nester werden von der Henne an windgeschützten Plätzen angelegt. Sie erbrütet ihr aus drei bis sieben Eiern bestehendes Gelege in 27 bis 28 Tagen. Die Hähne kümmern sich nicht um den Nachwuchs.

Königshühner verfügen über ein reichhaltiges Stimmrepertoire, das bei *T. himalayensis* am besten bekannt ist. In Alarmstimmung gackern sie in lauten, immer höheren Tönen. Die Revierpfiffe der Hähne wurden bereits erwähnt und gleichen den flötenartigen Pfiffen des Brachvogels. Während des Fluges werden gellende, wilde Pfiffe ausgestoßen, die denen des Haldenhuhns und Glanzfasans so ähnlich sind, dass man die drei Arten oft kaum nach den Lautäußerungen unterscheiden kann. Alle diese Stimmlaute sind sehr laut und kilometerweit zu hören.

Um den Zusammenhalt des Trupps beim Marsch über unübersichtliche Geröllhalden zu gewährleisten, laufen die Vögel oft im Gänsemarsch hintereinander her, dabei den Schwanz auf und ab schwenkend, wodurch die weißen Unterschwanzdecken als unübersehbare Signale aufblitzen. Der Flug ist pfeilschnell, zur Umgehung von Hindernissen von jähen Schwenkungen unterbrochen, und führt stets talwärts, wonach die Hühner ein paar 100 m weiter unten landen und den Aufstieg zu ihrem Standort zu Fuß zurücklegen. Die Nahrung aller Königshühner besteht fast zu 100 % aus Pflanzenteilen.

Das Himalaja-Königshuhn ist die bislang einzige für den westlichen Tierhandel erreichbare Art der Gattung und wurde zu Beginn des 20. Jahrhunderts mehrfach von der Firma Hagenbeck importiert. Leider war den Bewohnern der kühlen Bergwelt mit ihrer keimfreien Luft bei uns kein langes Leben beschieden. Erst die Ausarbeitung von Haltungs- und Zuchtmethoden in den USA ab 1961 mit dem Ziel, die Art als Jagdwild in den Gebirgen Nevadas einzubürgern, brachte den Durchbruch. Nachzuchtvögel wurden dort ausgesetzt und gegenwärtig breitet sich die daraus entstandene Population weiter aus, sodass sie sogar begrenzt bejagbar ist (Raethel, 1988). In Deutschland gibt es gegenwärtig mehrere Züchter, die diese schöne Hochgebirgsart erfolgreich halten und vermehren.

Tibet-Königshuhn *(Tetraogallus tibetanus)*

Eine kleinere Art ist das Tibet-Königshuhn, dessen Heimat Hochgebirgszüge vom Pamir über Tibet bis zum Himalaja und in West-China sind.
Vier Unterarten wurden anerkannt:

T. t. tibetanus: Pamir und der Himalaja von West-Tibet, Nordwest-Szetschuan, Ladak und Tadschikistan.

T. t. aquilonifer: Der Himalaja von West-Nepal ostwärts bis Bhutan.

T. t. henrici: Gebirge Ost-Tibets, in Nordwest-Szetschuan in die folgende Unterart übergehend.

T. t. przewalskii: Gebirge Tsinghais, Südwest-Kansus, Nordwest-Szetschuans südwärts bis zu den Arbor- und Mishmi-Bergen Nordost-Indiens.

Innerhalb des Verbreitungsareals von *T. tibetanus* lässt sich klinale Variation feststellen: Von West nach Ost werden die Populationen zunehmend dunkler und grauer, weniger gelblich isabellfarben *(aquilonifer, henrici)*. Diese Variationstendenz kehrt sich nord- und ostwärts in Tsinghai und Kansu wieder um *(przewalskii)*:

Das Tibet-Königshuhn gehört zu den etwas kleineren Königshühnern.

Dort werden die Vögel wieder heller, sandfarbener, wenn auch nicht in so hohem Maße, wie es bei den Populationen der Nominatform *(tibetanus)* von Ost-Pamir, Tadschikistan, Kaschmir, Ladak und West-Tibet der Fall ist.

Bei der Nominatform sind Oberkopf, Hinterhals, Kopf- und Halsseiten dunkelgrau; Ohrregion isabellfarben, Nacken- und Mantelfedern rahmgelblich mit zarter, schiefergrauer Wellenmusterung, die Federn des Mittelrückens dazu sandgelb gesäumt; Bürzel und Oberschwanzdecken wie der Mantel, kleine und mittlere Flügeldecken mit gelblicher Säumung; große Flügeldecken, Armschwingen und überwiegend die Handschwingen weiß. Stirn und Zügel trüb weiß, Kinn, Kehle, Vorderhals, Kropf weiß; Letzerer wird von einem grauen Band umrahmt, darunter in einigem Abstand ein weiteres graues Band, das über die Oberbrust zieht. Brust weiß, die übrige Unterseite weiß mit schwarzen Seitensäumen der Federn; Unterschwanzdecken rötlich isabellfarben. Schnabel und Orbitalhaut orangegelb, Beine trübrot.

In seiner Heimat bewohnt das Tibet-Königshuhn Gebirgslagen von 3500 bis 6000 m und wird selbst während der Wintermonate nie unterhalb 3600 m angetroffen. Zwar sind die Vögel nach schweren Schneefällen zu Wanderungen bis in die Nähe der Baumgrenze gezwungen, betreten die Knieholzregion jedoch nie. Wo *T. tibetanus* mit *T. himalayensis* parapatisch ist, wie in weiten Teilen des Kuenlun und des westlichen Himalaja, weicht *tibetanus* vor dem größeren *himalayensis* in niedrigere Berglagen aus.

Wintertrupps des Tibet-Königshuhns können 30 bis 50 Vögel umfassen. Ab Anfang Mai beziehen die Paare ihre Reviere, die oft relativ nahe nebeneinander liegen. Vollgelege bestehen aus vier bis sieben Eiern. Dunenküken erscheinen Ende Juni, doch sind Spätbruten in kalten Sommern keine Seltenheit.

Über die Haltung von Tibet-Königshühnern ist nichts bekannt.

Altai-Königshuhn *(Tetraogallus altaicus)*

Die letzte Art dieser Gattung bewohnt den Altai, das Sajan- und Changaigebirge. Bei diesen Tieren sind Oberkopf und Hinterhals bräunlich grau, auf dem Nacken in Grauweiß übergehend. Über dem Zügel befindet sich ein weißer Bezirk, der sich in einem kurzen Überaugenstreif fortsetzt. Hinter dem Nacken eine quer über den Vorderrücken verlaufende schwarze Binde; übrige Oberseite schwarz, zart blassrostgelb oder rahmweiß punktiert und bekritzelt, die meisten Federn mit breiten weißen Säumen. Kinn und Kehle weiß, Kopfseiten bräunlich grau, in der Ohrregion silbrig schimmernd; Kropf und Vorderbrust grau mit braungelblichem Anflug und zahlreichen weißen Tropfenflecken; übrige Unterseite weiß, Unterbauch und Schenkel schwarz, die Unterschwanzdecken weiß. Schnabel hornfarben, Wachshaut und Hinteraugenbezirk gelb, Beine orangegelb.

Habitate der Art sind alpine und subalpine Wiesen, steile Hänge und Geröllhalden bevorzugt in Höhen zwischen 2000 und 2500 m. Die obere Verbreitungsgrenze liegt bei 3000 m, die unterste um 1330 m. Bei hoher Schneedecke wandern die Trupps aus 20 bis 30 Individuen bis in die Vorberge und Flussniederungen, wo sie sich oft bei Hausrindern aufhalten.

Eiablage wurde ab Anfang Mai beobachtet, die Gelegestärke beträgt sieben bis zehn Eier. Die Küken schlüpfen ab Anfang Juni. Die Jungen sind bereits zum Gleitflug fähig, sobald sie Wachtelgröße erreicht haben. An alle im Almbetrieb auftretenden Störungen vermochte sich die Art gut anzupassen, ist aber durch starken Jagddruck im russischen Bereich enorm gefährdet. Allerdings wandern von der Mongolei her immer wieder neue Vögel ein und füllen fast leer geschossene Bestände erneut auf.

Zahnwachteln

Ausschließlich in Amerika kommen die Zahnwachteln, auch Neuweltwachteln genannt, der Familie Odontophoridae vor. In neun Gattungen mit 31 Arten sind sie von Süd-Kanada bis nach Süd-Brasilien und Nord-Uruguay verbreitet. Aufgrund umfangreicher anatomischer Untersuchungen an Neuweltwachteln kam Holman (1961) zu dem Resultat, dass diese beim Vergleich mit Altweltwachteln ausreichend große Unterschiede aufweisen, um die Aufstellung einer eigenen Familie zu rechtfertigen. Diese Ansicht wurde durch Sibley und Ahlquist (1985 und 1986) bestätigt, die aufgrund von DNS-Hybridisierungsstudien bei Neu- und Altweltwachteln mitteilten, dass die Odontophorinae von dem Tribus Perdicini genetisch weiter entfernt seien als zum Beispiel die neuweltlichen Truthühner von den altweltlichen Perlhühnern. Sie vermuten die Abzweigung der Zahnwachteln vom Hauptstamm der Phasianinen bereits vor 70 Millionen Jahren, während die Altweltwachteln erst vor etwa 50 Millionen Jahren ihren eigenen Weg gingen.

Was das Entstehungszentrum der Neuweltwachteln angeht, so glaubt Johnsgard (1986), dass es mit hoher Wahrscheinlichkeit in Wäldern Mittelamerikas zu suchen ist, wo diese Hühnervögel im Raum von Süd-Mexiko und Guatemala mit acht Arten und fünf Gattungen die höchste taxonomische Vielfalt aufweisen.

Die Schuppenwachtel – hier ein Hahn – besitzt wie viele Neuweltwachteln eine Haube.

Die wachtel- bis fast rebhuhngroßen Zahnwachteln sind äußerlich altweltlichen Kleinhühnern in vielem ähnlich. Doch ist ihr Schnabel stets kurz und hoch mit hakig herabgebogener Schnabelspitze. Am Unterschnabel sind die Schneiden mit mehreren Zahnauskerbungen versehen, die allerdings oft infolge starker Abnutzung nicht mehr deutlich erkennbar sind. Die Läufe sind stets sporenlos, die Hinterzehe ist ziemlich lang, tief angesetzt und die Zehenkrallen sind gestreckt. Einige Arten besitzen eine nackte Augenumgebung. Auf dem Scheitel vieler Arten sind durch verlängerte Federn Hauben der verschiedensten Länge und Form ausgebildet.

Die runden Flügel taugen nur zu kurzem Flug. Der kurze bis mäßig lange Schwanz besteht aus zehn bis 14 Steuerfedern. Bei der Jugendmauser werden die jugendlichen Handdecken nicht abgeworfen, sondern erst während der postjuvenalen Mauser ersetzt.

Die Stimme ist besonders bei den sylvicolen Arten gut ausgebildet und bei mehreren Arten wurde Antiphonalgesang der Partner nachgewiesen. Wie bei vielen altweltlichen Perdicini spielt für die Paarbindung ritualisiertes Futteranbieten des Hahnes an die Henne eine wichtige Rolle. Um den Nestbau kümmern sich beide Partner. Besonders bei den waldbewohnenden Arten finden sich geschlossene Nestkammern mit Seiteneingang. Der Hahn bewacht die brütende Henne und beide Partner ziehen den Nachwuchs auf. Dieser bleibt mit den Eltern bis zu Beginn der kommenden Brutsaison zusammen.

Langschwanzwachteln *(Dendrortyx)*

Die größten Vertreter der Zahnwachteln sind die Langschwanzwachteln. Sie bewohnen in drei Arten die Bergwälder Zentralamerikas. Die rebhuhngroßen Vögel zeichnen sich durch eine kurze, buschige Scheitelhaube, runde Flügel, den ziemlich langen 12-fedrigen Schwanz, den kurzen kräftigen Schnabel, die nackte Augenumgebung und lange Läufe aus. Die Geschlechter sind gleich gefärbt. Hennen sind kleiner als Hähne. Die noch wenig erforschten Vögel besitzen laute Stimmen und bauen, so weit bekannt, einfache Nester. Vier und fünf Eier werden gelegt.

Bart-Langschwanzwachtel *(Dendrortyx barbatus)*

Nördlichste Art ist die Bart-Langschwanzwachtel aus Bergwäldern Ost-Mexikos von Veracruz bis ins östliche San Luis Potosi und Ost-Hidalgo. Unterarten sind nicht bekannt.

Oberkopf und Ohrdecken sind dunkelockerbraun, Kinn und Kehle weißgrau, Wangen, Hals und Kropf blaugrau; Hinterhals und Oberrücken kastanienbraun mit grauer Längsstreifung; Schultern und Unterrücken bis zu den Oberschwanzdecken olivbraun, die Federn schwarz und ockergelb gebändert. Flügel und Schwanz rotbraun mit schwarzer Wellenbänderung; Brust und übrige Unterseite zimtbraun, auf den Flanken unauffällig weißlich gefleckt. Schnabel, Orbitalring und Beine sind rot.

Über das Leben dieses Nadelwaldbewohners ist wenig bekannt. Er wurde in Höhen von 900 bis 1650 m gefunden. Johnsgard (1988) berichtet über von ihm in Mexiko gehaltene Vögel, dass alle fünf aus einer Brut stammten und als Küken gefangen worden waren. Sie hielten eng zusammen und als er zwei Hennen außer Sichtkontakt trennte, stießen diese laute Rufe aus, die von den anderen Artgenossen sofort beantwortet wurden. In der Folge entwickelte sich ein Riesenlärm, der erst verstummte, als man alle Vögel wieder zusammengeführt hatte. Sonst riefen sie in der Morgen- und Abenddämmerung etwa 20 Minuten lang.

Über die Brutbiologie aus freier Wildbahn ist nichts bekannt. Die Henne eines Volierenpaares legte 16 Eier (was nicht der normalen Gelegegröße entsprechen dürfte) und erbrütete das Gelege in 28 Tagen.

Rotschnabel-Langschwanzwachtel *(Dendrortyx macroura)*

Die Rotschnabel-Langschwanzwachtel bewohnt Bergwälder Zentral- und Süd-Mexikos von Jalisco im Norden südostwärts bis Oäaca und Veracruz.
Sechs Unterarten wurden beschrieben:

D. m. macroura: Tal von Mexico und Veracruz.

D. m. diversus: Nordwest-Jalisco.

D. m. griseipectus: Hänge der pazifischen Küstenberge in den Provinzen Distriti Federal, Mexico und Morelos.

D. m. striatus: Süd-Jalisco bis Michoacan und Guerrero.

D. m. inesperatus: Nachbarschaft von Chilpancingo, Guerrero.

D. m. oäacae: Ost-Oäaca.

Bei der Nominatform ist die Haube schwarz mit rostgelben Schäften und Spitzenflecken der Federn der Mittel- und Hinterpartie. Ein breites weißes Überaugenband zieht über die Ohrdecken und wird unten von einem schwarzen Ohrdeckenband begrenzt; ein breites weißes Zügelband zieht von der Unteraugenregion den Seitenhals abwärts. Stirn, engere Augenumgebung, Kinn und Kehle schwarz. Halsseiten, Hinterhals und Oberrücken rostbraun bis rotbraun, die Federn breit grau gesäumt; Schultern und Flügel olivbraun mit Ockergelb und Schwarz, dazu rostgelblich gesprenkelt und gefleckt; Kropf, Brust und Seiten hellgrau, oft auffällig rostbraun gesprenkelt und gestreift; Flanken im Wesentlichen olivbraun; Schnabel, Orbital- und nackte Haut der Augenumgebung leuchtend rot, Beine rot.

Habitate der Art sind Bergnebelwälder in Höhen von 1500 bis 3000 m, aber auch Kiefern-/Eichenwälder (Vulkane von Colima) sowie Fichtenwälder bei fast 2700 m Höhe in Michoacan. Während der Morgen- und Abendstunden „singen“ die Paare, das heißt, sie stoßen ihre lauten, weithin hallenden Rufserien aus. Aufgefundene Nester waren überdacht und enthielten durchschnittlich vier cremegelbe, rotbraun gefleckte Eier.

Schwarzschnabel-Langschwanzwachtel *(Dendrortyx leucophrys)*

Die größte Art der Gattung mit der weitesten Verbreitung ist die Schwarzschnabel-Langschwanzwachtel von den Gebirgen der mexikanischen Provinzen Chiapas und Mexiko südwärts bis Costa Rica.
Zwei Unterarten sind bekannt:

D. l. leucophrys: Berge von Chiapas, südwärts bis Nicaragua.
D. l. hypospodius: Gebirge Costa Ricas.

Bei der Nominatform sind Stirn, Vorderhaube sowie ein breites, bis über die Ohrdecken ziehendes Band cremeweiß; übrige Haubenteile und Nacken kastanienbraun, beide dazu mit weißer Längsstreifung; Kinn und Kehle weiß; Oberrücken und Flügeldecken rostbraun, die Federn breit grau gesäumt; Unterrücken olivbraun mit zarter schwarzer, auf den Oberschwanzdecken ockergelber Wellenbänderung; Brust, Seiten und Flanken breit rostbraun gestreift, die Bauchmitte olivbraun; Oberschnabel schwarz, Unterschnabel orange, Orbitalhaut und Beine orangerot.

Innerhalb ihrer weiten Verbreitung ist die Art in niedrigen Berglagen bei 300 m wie auch 2430 m Höhe angetroffen worden. Ihre Habitate sind sowohl Gebirgsnebelwälder wie trockene Eichenwälder der ariden unteren tropischen Zone. In El Salvador und Honduras zieht sie sogar trockenere Wälder den regenreichen vor.

Die Vögel werden gewöhnlich in kleinen Trupps aus vier bis sechs Vögeln, vermutlich Familien, angetroffen. Die Nächte verbringen sie wie alle Langschwanzwachteln gemeinsam auf Baumästen. Wahrscheinlich tun sich mehrere Familien der Gegend zur gemeinsamen Übernachtung zusammen. Und vielleicht singen sie von dort aus während der Morgen- und Abendstunden gemeinsam. Nester und Eier sind noch unbekannt.

Bindenwachteln *(Philortyx)*

Trockengebiete Mexikos sind die Heimat der Bindenwachteln. Kleiner als Schopfwachteln (Callipepla) sind sie durch den ziemlich kleinen, aber kräftigen Schnabel, eine Spitzschopfhaube aus schmalen, langen, über den Hinterkopf ragenden Mittelscheitelfedern, runde Flügel, den mäßig langen 12-fedrigen Schwanz sowie die ausgeprägte vertikale Flankenbänderung charakterisiert. Die Geschlechter sind gleich gefärbt.

Johnsgard (1973) hält die Bindenwachtel für eine wichtige Übergangsform zwischen den waldbewohnenden Langschwanz-Zahnwachteln *(Dendrortyx)* und den Wüstensteppen bewohnenden Schopfwachteln *(Callipepla)*.

Bindenwachtel *(Philortyx fasciatus)*

Einzige Art der Gattung ist die Bindenwachtel West-Mexikos von Jalisco südlich bis Guerrero. Bei ihr ist der Scheitel olivbraun, die lange schmale Haube schwarzbraun, zum Ende hin rostgelb. Wangen olivbraun, Kehle weißlich; Nacken rostgelb, Vorderrücken dunkelbraun mit rostgelb gesäumten Federn; Hinterrücken rostgelb mit schmaler, hellockergelber Federsäumung; Flügel dunkelrostbraun, die Federn hellockergelb gesäumt. Unterseite dicht und breit schwarzweiß gebändert, die Bauchmitte isabellweiß. Schnabel schwarz, Beine graubraun.

Habitate der Art sind tropischer Trockenbusch und Dornwälder in Höhen bis 1600 m. Gern werden verlassene Felder und Weiden mit üppiger Unkrautvegetation angenommen. Nachts und bei Gefahr von Bodenfeinden baumen die Wachteln auf. Die Brutsaison beginnt erst im August. Dann haben sich die aus bis zu 20 Vögeln bestehenden Gesellschaften aufgelöst und die Paare beziehen ihre Reviere. Über das Stimmrepertoire ist noch wenig bekannt. Von einem gekäfigten Hahn hörte Johnsgard (1988) eine Reihe lauter, nasaler „ka“ und „kau“ Rufe, ebenso eine längere Serie wie „ka-ut-la“ klingender Töne, die manchmal durch einen absteigenden Pfiff beendet wurden. Über die Brutbiologie aus natürlicher Umgebung ist wenig bekannt. In Menschenobhut gehaltene Paare bauten einfache Grasnester mit einer Überdachung durch oben darübergezogene Halme. Die Gelege bestanden bei zwei Paaren aus je fünf weißen Eiern, aus denen nach 21- bis 23-tägiger Erbrütung die Küken schlüpften.

Bindenwachteln werden nur sehr selten importiert.

Berghaubenwachteln *(Oreortyx)*

Fast Rebhuhngröße erreichen die Berghaubenwachteln von Gebirgen im westlichen Nordamerika. Charakteristika der Gattung sind der aus nur zwei sehr langen, schmalen und geraden Federn bestehende und auf der Scheitelmitte entspringende Kopfschmuck, runde Flügel, ein runder, 12-fedriger Schwanz und die sehr auffällige breite Flankenbänderung.

Berghaubenwachtel *(Oreortyx pictus)*

Einzige Art ist die Berghaubenwachtel, welche die pazifischen Küstengebirge vom USA-Staat Washington südwärts bis nach Niederkalifornien in Mexiko bewohnt. Fünf Unterarten wurden beschrieben:

O. p. pictus: Äußerstes West-Nevada westwärts zu den Westhängen des Kaskadengebirges Süd-Washingtons, südwärts zur Sierra Nevada und den inneren Küstengebieten Kaliforniens.

Typisch für die Berghaubenwachtel ist der aus zwei Federn bestehende Kopfschmuck.

O. p. palmeri: Südwest-Washington südwärts bis in den Nordwesten des kalifornischen San Louis Obispo County; auf der kanadischen Vancouver-Insel sowie in West-Washington eingeführt.

O. p. confinis: Baja California in den Sierren Juarez und San Pedro Matir (Mexiko).

O. p. eremophila: Süd- und West-Kalifornien in der Sierra Nevada südwärts bis zum äußersten Norden Baja Californias und dem äußersten Südwesten Nevadas.

O. p. russelli: Kleine San Bernadino-Berge in den Riverside und San Bernadino Counties Kaliforniens.

Die Geschlechter sind gleich gefärbt. Die aus dem Zentrum des schiefergrauen Scheitels entspringenden schwarzen Federn sind bis 72 mm lang. Ein schmales Stirnband, Zügel, Kinn sowie ein von den Augen abwärts über Vorderwangen und Seitenhals ziehendes Band weiß; darunter ein schmales schwarzes Band, das den dunkelkastanienbraunen Kehlbezirk säumt. Übrige Kopfteile, Hinterhals, Nacken und Brust hellschiefergrau; Oberseite dunkelolivbraun, die Armschwingen mit weißen Außensäumen. Flanken, obere und seitliche Bauchfedern lebhaft kastanienbraun, breit vertikal weiß gebändert. Mittelbauch cremegelblich. Schnabel schwarz, Beine hellsepiabraun.

Haupthabitat der Art sind immergrüne Mischwälder mit reichlichem Unterwuchs sowie Chapparalgestrüpp in Höhen von 1800 bis 2400 m in der Sierra Nevada und 2740 m in den San Pedro Martir-Bergen Baja Californias. Dort halten sich diese Wachteln vom Spätfrühling bis September/Oktober auf, bis starke Schneefälle sie in bewaldete Täler vertreiben. Herden aus bis zu 30 Vögeln legen dann zu Fuß Strecken zwischen 16 und 64 km zurück. Nach Rückwanderung in die Brutgebiete lösen sich die Herden allmählich auf und die Paare besetzen ihre Brutreviere.

Die Stimme der noch unverpaarten Hähne ist ein hoher wie „kwii-ark" klingender, kilometerweit hörbarer Pfiff. Vollgelege aus sechs bis 15 cremefarbenen bis hellrötlichen Eiern werden möglicherweise von beiden Partnern in 24 bis 25 Tagen erbrütet. Brutflecke bei Hähnen sowie ein Brüten beider Partner bei der Volierenhaltung deuten jedenfalls darauf hin.

Diese schöne Zahnwachtel wird bei uns nur relativ selten gehalten und gezüchtet. Nach Alderton (1992) lässt die Fruchtbarkeit mancher Zuchtstämme zu wünschen übrig, auch ist die Anfälligkeit gegen Endoparasiten offensichtlich recht hoch. Dabei scheinen vor allem im Kropf parasitierende Haarwurmarten *(Capillaria)* eine große Rolle zu spielen. Auf jeden Fall müssen mehrwöchentlich wiederholte parasitäre Kotuntersuchungen durchgeführt werden. In den USA werden auch Berghaubenwachteln wohl meist auf Drahtböden gehalten und gezüchtet.

Schopfwachteln *(Callipepla)*

Ausgedehnte Wüstensteppengebiete und aride Bergmassive der westlichen USA und Mexikos werden von den kleinen Schopfwachteln der Gattung *Callipepla* bewohnt, die sich optimal an ihre karge Umgebung angepasst haben. Die vier Arten tragen in beiden Geschlechtern eine buschige Haube und einen lampionartigen Schopf und zeichnen sich im Übrigen durch runde Flügel sowie einen mäßig langen 12- bis 14-fedrigen Schwanz aus. Die Geschlechter sind bei Schuppen- und Douglaswachtel wenig, bei Gambel- und Kalifornischer Schopfwachtel sehr verschieden gefärbt.

Schuppenwachtel *(Callipepla squamata)*

Der trockene Südwesten der USA sowie die Nordhälfte Mexikos sind die Heimat der Schuppenwachtel, von der vier Unterarten beschrieben wurden:

C. s. squamata: Nord-Sonora und Tamaulipas, südwärts bis ins Tal von Mexico.

C. s. castanogastris: Süd-Texas, Mexiko (Tamaulipas, Nuevo Leon, Ost-Coahuila).

C. s. pallida: Süd-Arizona, südliches Neu Mexiko, West-Texas, Nord-Sonora und Chihuahua.

C. s. hargravei: West-Oklahoma, Südwest-Kansas, Südopst-Colorado, nördliches Neu Mexiko, Nordwest-Texas.

Die Geschlechter sind recht ähnlich gefärbt. Die kurze buschige Haube ist vorne grau oder braun, bei Hähnen in der Hinterhälfte weiß. Stirn und Kopfseiten grau, die Ohrdecken braun; Kinn und Kehle gelblich weiß; Hals, Vorderrücken und Brust hellaschgrau mit schwarzer Federsäumung, ein auffälliges Schuppenmuster erzeugend, das zum Bauch hin in Tropfenfleckung übergeht. Bauchmitte rötlich isabellfarben, bei der Unterart *castanogastris* kastanienbraun. Flanken olivbraun mit schmaler Weißstreifung; Hinterrücken, Flügel und Schwanz hellgraubraun. Schnabel und Beine dunkelhornfarben. Bei der etwas kleineren Henne ist die bei Hähnen weiße Haubenkomponente isabellgelb und die Federn von Kehle und Gesichtsseiten sind dunkelbraun geschäftet.

Aufgrund der Zeichnung hat die Schuppenwachtel ihren Namen erhalten.

Das Vorkommen dieser Halbwüstenbewohnerin deckt sich im Wesentlichen mit der Ausdehnung der mexikanischen Chihuahuawüste und benachbarter Regionen gleichen Florencharakters. Diese Trockengebiete sind schütter mit Akaziengestrüpp, Yukkas und Kakteen bestanden. Da Wasserstellen spärlich sind, müssen die Schuppenwachteln oft viele Kilometer dorthin fliegen. Einen Teil ihres Wasserbedarfs decken sie aber auch durch die Aufnahme sukkulenter Pflanzen und Insekten. Die oft aus 100 Vögeln und mehr bestehenden Wintergesellschaften der Schuppenwachtel lösen sich gegen Anfang März/Mitte April auf.

Gebrütet wird mit Beginn der Regenzeit. Tritt diese nicht ein, entfällt auch die Fortpflanzung. Das Stimmrepertoire der Art ist im Vergleich mit Gambel- und anderen Zahnwachteln recht dürftig. Verpaarte Hähne stoßen eine Reihe nasaler Rufe aus und werfen dabei jedesmal den Kopf schnell zurück.

Vollgelege sind groß und umfassen 13 bis 14 cremefarbene, zart hellbraun gesprenkelte Eier, aus denen nach 22- bis 23-tägiger Erbrütung die Küken schlüpfen. Ihre Überlebenschancen sind mit nur 20% recht gering und da die Mortalitätsrate der Erwachsenen auch recht hoch ist, wird, wenn möglich, zweimal jährlich gebrütet. Unter Umständen übernimmt auch der Hahn die Küken des Erstgeleges seiner Henne, die dann gleich ein zweites Mal brütet.

Diese Wüstenwachtel wird heute nicht allzu selten gehalten und gezüchtet. Gegen Nässe und Kälte ist sie sehr empfindlich. Hennen können überaus fruchtbar sein und in einer Saison 60 Eier und mehr legen. Allerdings lässt die hohe Befruchtungsquote nach mehreren Generationen erheblich nach, wenn dem Zuchtstamm nicht rechtzeitig frisches Blut zugeführt wird.

Douglaswachtel *(Callipepla douglasii)*

Diese Art ist in Mexiko zu finden und bewohnt dort die Provinz Chihuahua südwärts bis Jalisco.

Fünf Unterarten werden unterschieden:

C. d. douglasii: Äußerstes Süd-Sonora, südwärts Sinaloa und Nodwest-Durango.
C. d. languens: West-Chihuahua.
C. d. bensoni: Sonora.
C. d. impedita: Nayarit.
C. d. teres: Nordwest-Jalisco.

Die Geschlechter sind verschieden gefärbt. Beim Hahn sind Stirn, Vorder- und Seitenscheitel, Wangen, Ohrdecken und die Kehlregion weiß mit schwarzer Federschäftung, die den genannten Gefiederregionen ein zart längs gestreiftes Aussehen verleihen. Eine Scheitelhaube besteht aus langen, schmalfahnigen zimtockerfarbenen Federn. Hinterhals und Vorderrücken blaugrau, Ersterer rötlich orangegelb gesprenkelt; Hinterrücken und Bürzel olivbraun, Schultern und Armdecken intensiv rötlich orange mit kräftiger Weißstreifung. Unterseite vorwiegend grau, die langen Flankenfedern rotbraun, breit weiß gesäumt, der Bauch dicht mit weißen Tropfenflecken geschmückt, die Bauchmitte cremefarben. Schnabel braunschwarz, Beine blaugrau.

Bei der Henne sind Scheitel, Hinterhals, Schultern und Flügeldecken tiefbraun, dazu hellbraun und cremegelb gestreift und gefleckt. Die kurzen Haubenfedern sind rußbraun; Unterseite graubraun mit runder Weißfleckung.

Habitate der Art sind Laub abwerfende Trockenwälder, Dornbusch und der Sekundärwuchs abgeholzter Tropenwälder. Wintergesellschaften aus sechs bis zehn Tieren beginnen sich gegen Mitte April aufzulösen. Die Paare beziehen ihre Reviere und die Hähne rufen von niedrigen Ästen aus „ko kau“, die Silben in Ein-Viertel-Sekunden-Intervallen zwei- bis fünfmal wiederholend. Der Ruf noch unverpaarter Hähne ist dagegen ein scharfer nasaler Pfiff. Nester werden gern versteckt zwischen Grasstauden erbaut. Vollgelege enthalten acht bis zwölf Eier, aus denen nach 22 bis 23 Tagen die Küken schlüpfen. Vieles aus der Biologie der Douglaswachtel ist noch unbekannt.

Die selten importierte Douglaswachtel gehört zu den empfindlicheren Arten der Gattung. Sie ist recht kälteempfindlich und neigt zu Verdauungsstörungen. In einer neuen Voliere ist sie längere Zeit hindurch scheu und fahrig. Hähne können gegenüber Artgenossen recht aggressiv werden. Hennen legen selten mehr als zwölf Eier pro Saison.

Kalifornische Schopfwachtel *(Callipepla californica)*

Bekanntester Vertreter der Gattung Schopfwachtel ist die Kalifornische Schopfwachtel aus dem westlichen Nordamerika von Oregon im Norden bis Niederkalifornien im Süden.

Bei der Kalifornischen Schopfwachtel ist der Hahn (oben) prächtiger gefärbt als die Henne (unten).

Acht Unterarten wurden beschrieben:

C. c. californica: Inneres Nord-Oregon, West-Nevada südwärts bis Süd-Kalifornien sowie die Los-Coronados-Inseln Baja Californias.

C. c. orecta: Südost-Oregon.

C. c. brunnescens: Küstenregion Nord-Kaliforniens bis ins südliche Santa-Cruz-Gebiet.

C. c. catalinensis: Insel Santa Catalina, auf den Inseln Santa Rosa und Santa Cruz in Süd-Kalifornien eingebürgert.

C. c. canfieldae: Östliches Mittel-Kalifornien.

C. c. plumbea: San-Diego-Distrikt, südwärts durch den Nordwesten der Baja California verbreitet.

C. c. decoloratus: Baja California zwischen 25. und 30. nördlichem Breitengrad.

C. c. achrustera: Südliches Baja California.

Die Geschlechter sind verschieden gefärbt. Der Hahn trägt einen aus vier an der Basis schmalen, am Ende breit aufrecht stehenden und nach vorne gebogenen schwarzen Federn bestehenden lampionartigen Schopf. Die gelblich weiße Stirn ist zart schwarz gestrichelt. Zwischen Stirn und Oberkopf zieht sich ein weißes Band, das bis über die Ohrdecken läuft. Der Oberkopf vorne und an den Seiten schwarz, nach hinten zu in Kastanienbraun übergehend; Wangen, Kinn und Kehle schwarz, hinten von einem weißen Band umsäumt; Hinterhals, Halsseiten und Oberrücken grau mit weißer Fleckung und schwarzer Säumung der Federn, im Aussehen einem Perlenkragen ähnelnd. Übrige Oberseite olivbraun, grau verwaschen. Kropf und Oberbrust grau, Brustmitte und Bauchseiten gelblich, die Bauchmitte rotbraun, beide durch Schwarzsäumung der Federn ein Schuppenmuster bildend. Flanken grau mit weißen Schaftstreifen. Schnabel und Beine schwarz.

Hennen haben einen schwarzbraunen Oberkopf mit kürzerem Schopf, graubraune Ohrdecken, trübweißen Kopf und Kehle mit dunklen Schaftstrichen, grauen Hals und Nacken mit angedeutetem Perlkragen; Brust graubraun, das Braun der Bauchmitte fehlt.

Die Art ist ein häufiger Bewohner der kalifornischen Hartlaubstrauchzone, des Chapparal, aber auch lichter Eichenwälder und von Wüstensteppen. Vielerorts zum Kulturfolger geworden fühlt sie sich auch in Weinbergen, Gärten und den Parkanlagen der Städte wohl, ohne dabei die Scheu vor dem Menschen zu verlieren. So lange in wasserarmen Wüstensteppen sukkulente Pflanzen und Insekten ihren Flüssigkeitsbedarf decken, kommt sie eine Zeit lang ohne Oberflächenwasser aus. Mit Winterbeginn schließen sich die Schopfwachteln zu oft großen Gesellschaften von 50 bis 60 Tieren zusammen, die ihre Reviere gegen fremde Trupps verteidigen.

Gegen Ende Februar beginnen sich die Gesellschaften allmählich aufzulösen: Paare, die sich schon während der Wintermonate ohne Balzzermonien einig geworden waren, wandern ab und Junggesellen tun dies auf der Suche nach Partnerinnen. Oft erwählen sich mehrere von ihnen „Krähreviere“ und lassen dort ab Ende April von erhöhten Plätzen drei- bis achtmal minütlich einen wie „kau“ klingenden Ruf ertönen, durch den unverpaarte und verwitwete Hennen angelockt schnell zu einem Mann kommen können. Meist liegen diese Krähplätze dicht bei Brutrevieren, sodass bei Verlust des männlichen Partners ein neuer sofort zur Stelle ist. Hört man also zur Brutzeit das Krähen eines Schopfwachtelhahnes, so ist es nicht der Revierhahn, sondern ein Junggeselle in Warteposition.

Nester werden von beiden Ehepartnern erbaut und sind gut durch Pflanzenwachstum gedeckte Erdmulden. Vollgelege bestehen aus neun bis 17 rahmweißen, dunkelbraun gepunkteten und gefleckten Eiern, aus denen nach 22- bis 23-tägiger Bebrütung die Küken schlüpfen. Diese werden von beiden Eltern betreut und bei Verlust eines Elternteils übernimmt der andere diese Aufgabe.

Nach Untersuchungen ist die Kükensterblichkeit etwa im Vergleich mit der Schuppenwachtel erstaunlich gering; sie beträgt nämlich während der ersten 15 Lebenswochen nur 25,8 %. In den USA ist diese Schopfwachtel ein wichtiges Niederjagdwild und jährlich werden um die 2 Millionen Stück erlegt, was indessen dem Populationsstatus der Art keinen Abbruch tut.

Die Kalifornische Schopfwachtel ist die bei uns am häufigsten gehaltene Zahnwachtelart. Zu Beginn des 19. Jahrhunderts zuerst nach Frankreich eingeführt, züchtete sie so ergiebig, dass sie bald zum ständigen Inventar von Hühnervogelliebhabern und Fasanerien zoologischer Gärten gehörte. Die ansprechend gefärbten Hühnchen mit der wippenden Lampionhaube auf dem Kopf bereiten dem Halter viel Freude, bleiben allerdings meist auf Distanz zu ihm und neigen beim Reinigen der Voliere leicht zu panikartigem Auffliegen gegen die Volierendecke.

Mit der Kalifornierin sind zahlreiche Einbürgerungsversuche unternommen worden, die nach manchen Anfangserfolgen meist scheiterten, auf Hawaii, Neuseeland, in Chile und in Australiens dagegen erfolgreich verliefen.

Helm- oder Gambel-Schopfwachtel *(Callipepla gambelii)*

Ein naher Verwandter der Kalifornierin ist die Helm- oder Gambel-Schopfwachtel von Süd-Nevada, Süd-Utah, West-Colorado bis zum Nordosten der Baja California, Zentral-Sonora, Nordwest-Chihuahua und West-Texas.

Sechs Unterarten wurden beschrieben:

C. g. gambelii: Süd-Utah, Süd-Nevada südwärts bis zu den Colorado- und Mojawewüsten sowie der Nordwesten der Baja California.

C. g. sana: West-Colorado.

C. g. ignoscens: südliches Neu Mexiko, äußerstes West-Texas.

Auch bei der Gambel-Schopfwachtel sind die Geschlechter verschieden gefärbt.

C. g. pembertoni: Tiburon-Insel im Golf von Mexico.
C. g. stephensi: Süd-Sonora nahe der Grenze zu Sinaloa.
C. g. friedmanni: Küstengebiete Sonoras vom Rio Fuerte zum Rio Culican.

Die Geschlechter sind verschieden gefärbt. Beim Hahn ist der Scheitel rotbraun, schmal schwarz, darunter breiter weiß gesäumt. Der Lampionschopf ist länger als bei der Kalifornischen Schopfwachtel. Stirn, Gesicht und Kehle schwarz mit weißer Säumung; Ohrdecken braun, Nacken und Halsseiten hellgrau mit gelbbrauner Schaftstreifung. Oberseite vorwiegend grau; Brust grau, Flanken kastanienbraun mit weißer Schaftstreifung; Bauch cremegelb mit großem schwarzem Mittelfleck; braune Schaftstreifen auf Hinterflanken und Unterschwanzdecken. Schnabel schwarz, Beine grüngrau.

Hennen ähneln denen der *C. californica*, unterscheiden sich jedoch von ihnen durch das Fehlen weißer Hinterhalsfleckung, dunkler Schaftstreifen auf der Oberbrust, der Schuppenmusterung auf der Unterseite sowie das Vorhandensein rotbraunen Flankengefieders.

Eine Hybridisierung zwischen *C. gambelii* und *C. californica* wird nach Johnsgard durch die beide Arten trennende Sierra-Nevada-Gebirgskette weitgehend unterbunden. Wo begrenzter Kontakt auftritt, wie im Joshua Tree National Monument Park, kommen Hybridvögel vor.

Habitate der Helmwachtel sind warme, vorwiegend mit Mesquitebusch *(Prosopsis)* bestandene Wüstentäler, Hochplateauwüsten mit Akazien-, Kakteen- und Yukkabewuchs sowie kühle Wüsten des Coloradobassins mit Wermutbewuchs. In wasserlosen Habitaten decken sukkulente Pflanzen und Insekten den Flüssigkeitsbedarf der Wachteln. Wo Wasserstellen vorhanden sind, werden sie von ihnen regelmäßig besucht. Mit Beginn der kalten Jahreszeit bilden sie Trupps aus fünf bis 40 Vögeln, die sich bereits im Spätwinter durch wachsende Aggressivität der Hähne und beginnende Paarbindung auflösen. Bald danach beginnt das „kau“-Rufen der unverpaarten Hähne.

Ende April setzt die Legezeit ein. Vollgelege enthalten sechs bis 19 cremegelbe, dunkelpurpurbraun gefleckte Eier, aus denen nach 22-tägiger Erbrütung die Küken schlüpfen. In nahrungsreichen Jahren werden zwei Bruten getätigt, wobei der Hahn die Küken der ersten Brut übernehmen kann und so der Henne das Erbrüten eines Zweitgeleges ermöglicht.

Obwohl die schöne Helmwachtel in unregelmäßigen Abständen immer wieder nach Europa importiert und hier auch gezüchtet wurde, hat sie sich weder in Züchterkreisen noch in Tierparks über mehrere Generationen halten lassen. Das mag zum Teil an erhöhtem Wärmebedürfnis und dem Fehlen hoher Lufttrockenheit bei uns liegen. Das ist umso bedauerlicher, als sie schöner und im Verhalten viel ruhiger ist als die kalifornische Schwesterart.

Wald-Zahnwachteln *(Odontophorus)*

Die Wälder Zentral- und Südamerikas werden von Süd-Mexiko bis Nord-Uruguay von Zahnwachteln der Gattung *Odontophorus* bewohnt. In der Größe zwischen Wachtel und Rebhuhn stehend, zeichnen sich die etwa 16 Arten durch rundliche Gestalt, kräftigen, kurzen, hohen Schnabel, eine kurze Hinterscheitelhaube, runde Flügel, einen sehr kurzen, 12-fedrigen Schwanze und robuste Scharrfüße mit langer Mittelzehe aus. In der Gefiederfärbung dominieren düstere Grau- und Brauntöne, die ganz der Farbskala lichtarmer Waldböden entsprechen und den bewegungslos verharrenden Vogel praktisch unsichtbar werden lassen.

Die Geschlechter sind gleich oder sehr ähnlich gefärbt. Wald-Zahnwachteln sind sehr sozial: Gemeinsam pflügen sie in Familienverbänden stets dicht beieinander bleibend den Humus nach Nahrung um, zusammen übernachten sie mit Körperkontakt auf Baumästen und oft beteiligen sich mehrere Truppmitglieder am Bau der Nestkammer mit Seiteneingang. Auch scheinen ältere Geschwister die Eltern bei der Jugendaufzucht zu unterstützen. Die wie bei den meisten waldbewohnenden Vogelarten sehr laute Stimme ist eine Schreistrophe, an der sich beide Ehepartner beteiligen (antiphonaler Gesang). Balzhandlungen sind bisher bei keiner der 16 Arten untersucht worden. Vollgelege umfassen meist nur vier Eier, was auf eine niedrige Verlustrate schließen lässt.

Nach Johnsgard (1978) darf davon ausgegangen werden, dass alle *Odontophorus*-Arten allopatrisch sind, das heißt nirgends zwei Arten im gleichen Habitat nebeneinander leben. Hybridvögel sind bislang nicht gefunden worden. Kommen im gleichen Gebiet zwei Arten vor, dann bewohnen sie unterschiedliche Lebensräume, die eine Art zum Beispiel die Ebene, die andere das Gebirge. So lebt die Tropfen-Zahnwachtel Mittelamerikas in den Nebelwäldern der Berge, die Rotstirn-Zahnwachtel dagegen in der tropischen Niederung. Fehlt aber wie in Süd-Mexiko die Konkurrenz der Letzteren, wird die Tropfen-Zahnwachtel auch in der Ebene angetroffen. Ausbreitungszentrum der Gattung scheint Kolumbien zu sein, wo sieben *Odontophorus*-Arten gefunden wurden.

Weiteste Verbreitung unter den Arten der Gattung weist die Guayana-Zahnwachtel auf, welche von Costa Rica im Norden bis Nordost-Brasilien im Süden überall Wälder der Ebene und der subtropischen Zone bewohnt. Weit getrennt von ihr lebt von Nordost-Brasilien (Alagoas, Ceara) bis Nordost-Argentinien die ähnliche Capueira-Zahnwachtel in Ebenen. Lassen sich diese beiden Arten problemlos in einer Superspezies vereinigen, so ist dies bei einer anderen Gruppe mit einer Reihe sehr variabler Arten und Unterarten schon schwieriger.

In ihr hat Johnsgard fünf Arten zusammengefasst: *O. erythrops* aus Niederungswäldern von Honduras bis West-Ecuador, die parallel zu ihr in der subtropischen Bergzone lebende *O. hyperythrus*, die sich südwärts in Ecuador anschließende *O. melanonotus* aus Berglagen von 1000 bis 1500 m, an welche sich in Ost-Ecuador, Ost-Peru und Nordost-Bolivien die in Niederungswäldern lebende *O. speciosus* anschließt.

Alle diese Arten scheinen Abkömmlinge eines einzigen Ahns zu sein, der in den nördlichen und zentralen Anden gelebt haben dürfte. Eine dritte Gruppe offenbar eng verwandter Arten ist von Costa Rica südostwärts bis Venezuela verbreitet. Mit einer Ausnahme *(O. atrifrons)* ist allen Gruppenmitgliedern die weiße Kehle gemeinsam. Hierher gehören *O. dialeucos*, *O. atrifrons* und *O. columbianus*. Ferner scheinen zwei Arten, *O. stellatus* und *O. ballivani* von den Ostanden Perus, Boliviens und den von dort in das Amazonasbecken abfließenden Stromgebieten, eng miteinander verwandt zu sein. Abseits dieser Gruppen scheint die nördlichste Art der Gattung, *O. guttatus*, von Süd-Mexiko bis West-Panama zu stehen.

Über die Haltung von Zahnwachteln der Gattung *Odontophorus* kann pauschal gesagt werden, dass bisher nur wenige Arten in Menschenobhut gehalten und nur vereinzelt gezüchtet wurden. Die Eingewöhnung ist einfach. Die Voliere soll gut bepflanzt sein und Äste zum nächtlichen Aufbaumen erhalten. Verfüttert wird ein Weichfutter-Körner-Gemisch. Als Bewohner tropischer Wälder darf keine der Arten kalt überwintert werden. Unter den genannten Bedingungen kann man die Vögel jahrelang halten, und die Zucht dürfte nicht schwierig sein.

Guayana-Zahnwachtel *(Odontophorus gujanensis)*

Das größte Verbreitungsgebiet der Gattung weist die Guayana-Zahnwachtel auf, die in vier disjunkten Vorkommen im südwestlichen Costa Rica, Panama und das nördliche Südamerika vor allem östlich der Anden bis Ost-Bolivien, Zentral- und Nordost-Brasilien bewohnt.

Acht Unterarten werden unterschieden:

O. g. gujanensis: Südost-Venezuela ostwärts bis zu den Guayanas, südwärts in Brasilien bis zum nördlichen Mato Grosso, ostwärts bis Nordost-Paraguay.

O. g. buckleyi: Ost-Kolumbien südwärts durch Ecuador bis Nord-Peru.

O. g. castigatus: Costa Rica und West-Panama.

O. g. marmoratus: Ost-Panama, Nord-Kolumbien, Nordwest-Venezuela.

O. g. medius: Süd-Venezuela bis Nordwest-Brasilien (Para, Mato Grosso, Anapà).

O. g. pachyrhynchus: Östliches Zentral-Peru (Junin, Ayacucho).

O. g. rufogularis: Nordost-Peru (Oberer Rio Javary).

O. g. simonsi: Ost-Bolivien.

Die Geschlechter sind gleich gefärbt. Bei der Nominatform sind Oberkopf und Hinterkopfhaube kastanienbraun, Hinter-, Seitenhals und Oberrücken grau mit schwarzer Wellenbänderung; Unterrücken bis Oberschwanzdecken hellolivbraun. Kopfseiten, Kinn, Kehle dunkelrötlich orange, Letztere dazu grau getönt;

Unterseite im Wesentlichen einfarbig rostgelb, Seiten und Flanken manchmal schwarz gebändert und gefleckt. Schnabel dunkelgrau, die nackte Gesichtshaut karminrot, Beine bleigrau.

Habitate der Art sind in Panama Hügelwälder mit dichtem Unterholz, in Venezuela Nebelwälder bis in Höhen von 1500 m, südlich des Orinoko bis 1800 m. Die Vögel leben in Familientrupps aus sechs bis acht Tieren, die eifrig und unter leisem Kontaktpiepsen scharrend nach Nahrung suchen.

Der Gesang, eine schnell dahinrollende klangvolle Rufserie, kann mit „korokoro-wado" übersetzt werden und wird unter Umständen minutenlang wiederholt. Dabei handelt es sich um einen Antiphonalgesang: Der Hahn eines Paares singt „korokoro", die Henne schließt sich mit einem „wado" an.

Die Brutbiologie ist von Skutch (1947) in Costa Rica untersucht worden. Danach haben Nester stets die Form geschlossener Kammern aus Pflanzenteilen und besitzen eine seitliche Einschlupföffnung. Vollgelege bestehen aus vier weißen Eiern, die von der Henne allein in 24 bis 28 Tagen erbrütet werden. Der Hahn bewacht das Nest und beide Eltern ziehen die Küken auf, wobei Truppangehörige, vermutlich Jungvögel der letzten Brut, mithelfen können.

Capueira-Zahnwachtel *(Odontophorus capueira)*

Mit der Guayana-Zahnwachtel am nächsten verwandt und mit ihr eine Superspezies bildend ist die Capueira-Zahnwachtel der Flachlandwälder Ost-Brasiliens von Cear im Norden bis Ost-Paraguay und Nordost-Argentinien im Süden.
Zwei Unterarten wurden beschrieben:

O. c. capueira: Ost-Brasilien (Bahia, Minas Gerais, südöstlicher Mato Grosso) südwärts bis Rio Grande do Sul, Ost-Paraguay, Nord-Argentinien (Misiones).

O. c. plumbeicollis: Nordost-Brasilien (Cearà Alagoas).

Die Geschlechter sind wenig verschieden gefärbt. Bei der Nominatform ist der Oberkopf dunkelkastanienbraun, die Stirn nebst einem breiten, bis zum Nacken verlaufenden Überaugenband hellrostgelb; Federn des Hinterkopfes bei Hähnen schopfartig verlängert; Nacken, Hinterhals und Vorderrücken hellrostbraun, die Federn mit schmalen, isabellfarbenen Schaftstreifen sowie abwechselnd schwarz und braun gestreiften Fahnen; Unterrücken- bis Schwanzfedern rostgelbbraun, nach hinten zu in Rostbraun übergehend, tüpflig marmoriert mit ziemlich breiten schwarzen Mittelflecken und isabellgelben Endsäumen; Schultern dunkelrostrot, die Federn mit zarter heller Schäftung und feiner schwarzweißer Tüpfelbänderung; Flügeldecken überwiegend schwarz mit kleinen weißen Rundflecken; Armdecken mit hellgelben Außensäumen, darunter schwarzen Streifen, die Armschwingen schwarzweiß gebändert, die Handschwingen schwarz. Kinn, Kehle, Wangen, Hals und übrige Unterseite einfarbig schiefergrau. Schnabel schwarz, die breite Augenwachshaut dunkelfleischrot, Beine grau mit fleischrotem Hauch. Hennen sind insgesamt matter, grauer gefärbt.

Habitate der Art sind schattige Hochwälder und dichter Sekundärbusch, die Capueira der Brasilianer. Dort trifft man die Tiere in Familientrupps an, die bei der Futtersuche auf dem Waldboden stets eng zusammenhalten. Der Gesang ist eine Abfolge kräftiger, sonorer zweisilbiger Töne, die nach Sick (1993) wie „uuruu-uuruu" klingen. Die Strophe kann mehrere Minuten andauern und wird manchmal so langsam gebracht, dass man sie bereits für beendet hält, wenn sie dann doch weiter fortgesetzt wird. Man hört sie vor allem während der Brutzeit in den Morgen- und Abendstunden sowie mondhellen Nächten. Paare duettieren: Der Hahn beginnt und die Henne fällt bald mit einer ähnlichen Strophe aus einsilbigen Tönen ein, die wie „kloh kloh kloh" klingen, aber erst auffallen, wenn ein Weibchen gelegentlich allein singt.

Trupps besetzen feste Reviere, die gegen Nachbarn verteidigt werden, und bleiben auch beieinander, wenn eine Henne brütet. Nester werden manchmal von mehreren Truppmitgliedern erbaut und bestehen aus Blättern mit festem, regensicherem Dach und Seiteneingang. Die Henne erbrütet ihr Gelege aus manchmal bis zwölf weißen, später gelblichen und rötlichen Eiern in 18 bis 19 Tagen. Flugfähig geworden, sitzen die Jungvögel zusammen mit dem ganzen Familientrupp dicht beieinander auf Baumästen und putzen sich auch gegenseitig das Gefieder.

Rotstirn-Zahnwachtel *(Odontophorus erythrops)*

Die Rotstirn-Zahnwachtel bewohnt Wälder der karibischen Abdachung der Gebirge Mittelamerikas von Honduras südwärts sowie den Norden Südamerikas von West-Kolumbien östlich des unteren Caucatals bis nach West-Ecuador.
Drei Unterarten werden unterschieden, bei denen es sich aber wohl nur um geografische Varianten einer klinalen Verbreitung handeln dürfte:

O. e. erythrops: Südwest-Ecuador.
O. e. verecundus: Honduras.
O. e. parambae: Kolumbien und West-Ecuador.

Die Geschlechter sind recht ähnlich gefärbt. Bei der Nominatform sind Stirn, Kopfseiten und Unterseite kastanienbraun, Kehle und Vorderhals schwarz, bei der Unterart *parambae* mit einem halbmondförmigen, weißen Kehlband geziert. Oberseite schwarzbraun mit sandgelber Wellenbänderung; Schnabel schwarz, die nackte Gesichtshaut ist bei Hähnen purpur, bei Hennen blauschwarz, Beine blauschwarz.

Die Art bewohnt nicht den oberen Gebirgsregenwald, sondern untere Berghänge, Vorberge und Ebenen. Der Gesang wird vor allem während der frühen Morgenstunden gehört. Zwei und mehr Vögel rufen gleichzeitig ein Dutzend Mal schnell hintereinander „tschowinta tschowinta" Vollgelege enthalten vier cremefarbige Eier.

Schwarzohr-Zahnwachtel *(Odontophorus melanotis)*

Diese Art wurde früher für eine Unterart von *Odontophorus erythrops* gehalten. Sie ist der Rotstirn-Zahnwachtel sehr ähnlich und kommt in Nicaragua, Costa Rica und Panama vor.

Kastanienbraune Zahnwachtel *(Odontophorus hyperythrus)*

Eine für Kolumbien endemische Art ist die Kastanienbraune Zahnwachtel aus den Regenwäldern der Anden, wo sie aus den West- und Zentralketten von der Venezuelagrenze südwärts entlang der Hänge des Magdalenatals bis Cauca und Huila bekannt wurde. Die Art ist mit der westlicher lebenden *O. erythrops* allopatrisch und dürfte systematisch *O. speciosus* am nächsten stehen, deren Unterart *soederstroemi* farblich viele Gemeinsamkeiten mit ihr aufweist.

Die Geschlechter sind bei *O. hyperythrus* verschieden gefärbt. Bei Hähnen ist die Haube schmutzig kastanienrot, die übrigen Kopfteile, Kinn, Kehle und Vorderhals sind kastanienbraun; Grundfärbung der Oberseite braun mit schwarzer Wellenbänderung, der Hinterhals grau längs gestreift; Schulterfedern kräftig schwarz gefleckt, die Flügeldeckenspitzen weiß; Brust und übrige Unterseite dunkelrostrot. Schnabel schwarz, die Haut der Augenumgebung und ein Zipfel über den Ohrdecken unbefiedert, weißlich, Beine blaugrau. Bei Hennen sind Unterbrust und übrige Unterseite dunkelgrau.

Über die Schwarzrücken-Zahnwachtel ist noch nicht viel bekannt.

Habitate der Art sind Regenwälder der subtropischen Gebirgszone in Höhen von 1600 bis 2700 m. Der Gesang ist ein langes, fröhlich klingendes, immer erneut wiederholtes „orrit-kiiyit“, dessen erster und zweiter Teil auch zuweilen separat gebracht wird. Über die Brutbiologie ist nichts bekannt.

Schwarzrücken-Zahnwachtel *(Odontophorus melanonotus)*

Auf ein kleines Gebiet West-Ecuadors und Südwest-Kolumbiens ist die Schwarzrücken-Zahnwachtel beschränkt, die vielleicht auch nur als eine Unterart der *O. hyperythrus* anzusehen ist. Deren Vorkommen schließt nämlich direkt an das von *melanonotus* an, während südwärts in Ost-Ecuador *O. speciosus* folgt. Blake (1977) nimmt an, dass es sich bei den drei Formen um eine Superspezies handelt.

O. melanonotus ist in beiden Geschlechtern gleich gefärbt. Kopf und Oberseite sind tiefbraunschwarz, die Federn mit zarter kastanienbrauner Wellenbänderung versehen, die Flügel einfarbig schwarzbraun; Kehle und Brust sind rötlich kastanienbraun, die übrige Unterseite ist schwärzlich braun mit hellrötlicher Wellenbänderung, die Unterschwanzdecken sind hellrostrot mit schwarzer Bänderung. Schnabel schwarz, nackte Gesichtshaut und Beine braunschwarz.

In ihrer Heimat bewohnt die Art subtropische Bergwälder in Höhen von 1200 bis 1500 m. Über die Lebensweise ist noch nichts bekannt.

Rotbrust-Zahnwachtel *(Odontophorus speciosus)*

Südlichstes Mitglied der aus den Arten *O. erythrops, O. hyperythrus, O. melanonotus* und *O. speciosus* bestehenden Superspezies ist die Rotbrust-Zahnwachtel Ost-Ecuadors, Ost-Perus und Nordost-Boliviens.

Drei Unterarten wurden beschrieben:

O. sp. speciosus: Ost- und Zentral-Peru.

O. sp. soederstroemii: Ost-Ecuador.

O. sp. loricatus: Südost-Peru, Ost-Bolivien.

Die Geschlechter sind verschieden gefärbt. Bei Hähnen der Nominatform ist der Oberkopf dunkelbraun bis schwarz; ein schmaler, schwarzweiß gesprenkelter Überaugenstreif zieht vom Zügel über die Augen hinweg zu den Ohrdecken; übrige Kopfpartien schwarz; Mantel, Hals und Unterseite kastanienbraun; Rücken bis Oberschwanzdecken braun mit zarter schwarzer Wellenbänderung, auf Vorder- und Mittelrücken dazu mit schmaler weißer Federschäftung, Hinterrücken und Oberschwanzdecken ohne dieselbe; Flügeldecken braun mit schwarzer Wellenbänderung, die Federn mit großen subterminalen schwarzen Flecken und rotbraunen Endsäumen; Schnabel schwarz, nackte Augenumgebung und Beine blauschwarz. Bei Hennen ist nur die Brust kastanienrot, die übrige Unterseite ist dunkelgrau.

Habitate der Art sind Wälder der Ebenen. Über die Biologie ist nichts bekannt.

Weißkehl-Zahnwachtel *(Odontophorus leucolaemus)*

Endemisch für Costa Rica und Panama ist die Weißkehl-Zahnwachtel. Bei ihr sind die Geschlechter gleich gefärbt. Die Oberseite ist dunkelbraun, am dunkelsten auf dem Scheitel und der kurzen Haube mit zarter schwarzer Wellenbänderung; Kinn und Kehle meist weiß; Kopf- und Halsseiten sowie Oberbrust schwarz, Unterbrust dazu mit schmaler Weißbänderung.

Die individuelle Variation ist beträchtlich. So sind manche Vögel oberseits schwärzer mit schwarz gesprenkelter weißer oder ganz schwarzer Kehle, andere sind ober- und unterseits, speziell im Brustbereich, heller braun. Schnabel schwarz, Augenwachshaut und Füße sind blaugrau.

Die Art ist nicht häufig und ihr Vorkommen auf die Karibische Wasserscheide Costa Ricas und Panamas beschränkt. In Panama wurde diese noch wenig bekannte Wachtel in Höhen über 1000 m in der subtropischen Zone Chiriquis, Veraguas und Bocas del Toro bei 1350 bis 1600 m nachgewiesen. Ihr Habitat sind dichte Wälder und dort vor allem steile, dicht bewaldete Berghänge. In Costa Rica wurde sie auch in lianenreichem Buschgelände angetroffen. Der Gesang ist ein sich überstürzendes Geschnatter, in das ganz unvermittelt einige Individuen ausbrechen. Er besteht aus zwei Folgen von Doppelsilben, von denen die erste besonders betont wird und die immer wieder von neuem gebracht werden. Über Verhalten und Fortpflanzungsbiologie ist nichts bekannt.

Schwarzstirn-Zahnwachtel *(Odontophorus atrifrons)*

Recht unscheinbar gefärbt ist die Schwarzstirn-Zahnwachtel Kolumbiens und Venezuelas.

Drei Unterarten werden unterschieden:

O. a. atrifrons: Nord-Kolumbien (Santa-Marta-Berge).
O. a. variegatus: Nordost-Kolumbien (Ost-Anden).
O. a. navai: Nordwest-Venezuela (Perija-Berge).

Die Geschlechter sind recht ähnlich gefärbt. Bei Hähnen der Nominatform sind Stirn, Kopfseiten und Kehle schwarz, Oberkopf und Haube dunkelkastanienbraun; Mantel und Oberrücken gräulich mit schwarzer Wellenbänderung, Unterrücken und Bürzel brauner, oft schwarz gefleckt; Flügeldecken schwarz und zimtbraun gebändert und gesprenkelt, die kleinen und mittleren mit Weißschäftung, die großen mit weißen Endflecken; Unterseite ockerröstlich, die Federn schwarz gestrichelt und gebändert, auf den Flanken mit grauweißen Pünktchen, der Mittelbauch ockergelblich; Schnabel schwarz, die schmale nackte Gesichtshaut graublau, Beine schmutzig hornfarben. Bei Hennen ist der Mittelbauch roströtlich.

Habitate der Art sind tropische und subtropische Bergnebelwälder in Höhen von 1200 bis 2300 m. Über die Biologie ist wenig bekannt.

Tacarcuna-Zahnwachtel *(Odontophorus dialeucos)*

Erst 1963 in Panama entdeckt und 1982 auch in Nordwest-Kolumbien aufgefunden wurde die Tacarcuna-Zahnwachtel. Bei ihr sind die Geschlechter sehr ähnlich gefärbt. Scheitel und Haube der Hähne sind schwarz mit Weißsprenkelung; ein breites Überaugenband, die Augenumgebung, Vordergesicht und Kinn weiß;

Wangen und Halsseiten dunkelbraun, der Hinterhals rostgelb; Oberseite dunkelbraun mit schwarzer Wellenbänderung und weißen Spitzen der Flügeldeckfedern; Kehle und Oberbrust weiß mit schwarzem Querband über der Kehle; Unterseite im Übrigen dunkelbraun, zart schwarz wellengebändert und mit weißer Federschäftung auf Brust und Flanken; keine nackte Haut in der Augenumgebung; Schnabel schwarz, Beine blaugrau. Hennen sind unterseits heller, mehr rostbraun gefärbt.

Die Art war in den subtropischen Regenwäldern des Hochlandes von Ost-Darien (Panama) in Höhen von 1200 bis 1450 m ziemlich häufig und wurde auch in benachbarten Bergen Kolumbiens (Nord-Choco) nachgewiesen. Über die Biologie ist nichts bekannt.

Kragen-Zahnwachtel *(Odontophorus strophium)*

Feuchtwälder der Westhänge der kolumbianischen Ostanden von Santander südwärts bis etwa Cundinamarca sind die Heimat der seltenen Kragen-Zahnwachtel, deren Habitate durch Abholzung weitgehend zerstört wurden. Nächste Verwandte sind nach Johnsgard (1988) *O. dialeucos* und *O. columbianus*.

Die Geschlechter sind verschieden gefärbt. Beim Hahn sind Scheitel und Ohrdecken schwarzbraun, ein breites Überaugenband weiß; Zügel, Wangen und Kinn ebenfalls weiß mit spärlicher Schwarzsprenkelung; ein halbmondförmiges weißes Kehlband wird oben und unten von je einem breiten schwarzen Band begrenzt; Nacken rostrot, Rücken bis Oberschwanzdecken braun und ockergelb, die Federn mit zarter schwärzlicher Wellenbänderung, die Schulterfedern ebenso, dazu mit schmaler weißer Schäftung; Flügeldecken mit großen schwarzen Flecken und weißen Federschäften; Unterseite roströtlich, auf der Brust mit zahlreichen weißen Tropfen- und Dreiecksflecken, die Unterschwanzdecken braun gebändert. Schnabel schwarz, Beine bleigrau. Bei Hennen sind Kinn und Kehle ganz weiß und das bei Hähnen ganz schwarze Kehlband löst sich in der Mitte in schwarze Flecke auf.

Die Art bewohnt andine Mischwälder aus Eichen und Lorbeerarten in Höhen zwischen 1800 und 1970 m. Über die Lebensweise ist nichts bekannt.

Venezuela-Zahnwachtel *(Odontophorus columbianus)*

Eine für dieses Land endemische Art ist die Venezuela-Zahnwachtel, deren wissenschaftlicher Name irrtümlich *Odontophorus columbianus* lautet. Sie ist über den Norden Venezuelas verbreitet, wo sie Südwest-Tachira und die Küstenkordillere von Cordoba bis Miranda bewohnt.

Die Geschlechter sind verschieden gefärbt. Bei Hähnen sind Oberkopf und Haube dunkelbraun, der Hinterhals rötlich braun; ein unauffälliges Überaugenband, das Ohrdecken und Wangen umrundet, ist isabellgelblich mit Schwarzsprenkelung; Wangen, Halsseiten sowie ein breites Band um die weiße, seitlich schwarz gesprenkelte Kehle sind braunschwarz; Rücken graubraun, die Federn mit isabellweißer Schäftung und schwarzer Säumung; Flügel- und Armdecken dunkelbraun gesprenkelt und cremegelb gefleckt; Unterseite rötlich braun mit weißer, schwarz umsäumter V-Fleckung der Federn; Mittelbauch und Unterschwanzdecken braun, schwarz und sandgelb gefleckt. Schnabel schwarz, Orbitalhaut blaugrau, Beine bleigrau.

Hennen sind durch die einfarbig braune Brust sowie spärliche oder fehlende Isabellschäftung der Mantel- und Rückenfedern charakterisiert.

Habitate der Art sind subtropische Nebelwälder in Höhen von 1300 bis 2400 m. Auf Futtersuche treten die Vögel aus dem Schutz des Waldes auf offenes Gelände heraus. Über die Brutbiologie ist nichts bekannt.

Streifengesicht-Zahnwachtel *(Odontophorus ballivani)*

Eine seltene Art der Anden Südost-Perus und Nord-Boliviens ist die Streifengesicht-Zahnwachtel. Die Geschlechter sind verschieden gefärbt. Beim Hahn sind Oberkopf und Haube kastanienbraun, die übrigen Kopfpartien hellrosträtlich gefärbt; vom Zügel zieht ein schwarzes Band unter den Augen entlang und dahinter über die Ohrdecken den Seitenhals hinunter; Oberseite olivbraun mit zarter schwarzer Wellenbänderung; Schultern und innere Flügeldecken mit großen schwarzen Flecken; auf den Federn der dunkelkastanienbraunen Unterseite große weiße, schwarz gesäumte, rhombenförmige Flecken. Schnabel schwarz, die breite nackte Gesichtshaut rot, die Beine dunkelbleigrau. Hennen sind oberseits viel heller mit rötlicherer Unterseite.

Habitate der Art sind subalpine Wälder an den Osthängen der Andenketten Südost-Perus (Cuzko) und Nord-Boliviens (Cochabamba). Über die Lebensweise ist nichts bekannt.

Stern-Zahnwachtel *(Odontophorus stellatus)*

Die Heimat der Stern-Zahnwachtel sind Tropenwälder des westlichen Amazonasbeckens von Ecuador, Peru und Nord-Bolivien bis nach West-Brasilien, wo sie ostwärts bis zum Rio Madeira, südwärts bis zum Mato Grosso vorkommt.

Die Geschlechter sind recht ähnlich gefärbt. Beim Hahn ist die Vorderpartie der gut entwickelten Haube dunkelbraun, die Hinterpartie rötlich braun; die Überaugenregion ist manchmal zart weiß gesprenkelt. Übrige Kopfpartien, Hals und Obermantel dunkelaschgrau; Vorderrücken rosträtlich mit schwarzer Wellenbänderung, Hinterrücken bis Oberschwanzdecken heller, mehr rostgelb mit Schwarzbänderung; Flügeldecken rostbraun, die großen mit breiter Schwarzbänderung, die übrigen mit weißen Federspitzen; die Armschwingen mit schwarzem Endsaum. Unterseite roströtlich, auf den Brustseiten mit weißen sternförmigen Flecken *(„stellatus“)*. Schnabel schwarz, die breite nackte Gesichtshaut der Augenumgebung hellrot, Beine bleigrau. Hennen haben eine insgesamt tiefbraunschwarze Haube.

Über die Biologie ist nichts bekannt.

Tropfen-Zahnwachtel *(Odontophorus guttatus)*

Die Tropfen-Zahnwachtel ist eine rein mittelamerikanische Art, die Wälder Süd-Mexikos (Oaxaca, Veracruz) bis nach Panama bewohnt. Die Geschlechter sind recht ähnlich gefärbt.

Beim Hahn ist der Oberkopf dunkelbraun bis schwarz, die Haube zimtrot mit dunkleren Federspitzen; Ohrdecken und Halsseiten kastanienbraun, Hinterhals und Mantel olivbraun oder gräulich, die Federn weiß geschäftet; Schulterfedern mit breiten schwarzen und schmaleren rotbraunen Binden sowie weißen Federschäften. Kinn, Kehle und Vorderhals schwarz mit intensiv weißer Sichelung. Unterseite oliv- oder rötlich braun mit zahlreichen tropfenförmigen *(„guttatus“)* weißen, schmal schwarz umrahmten Flecken; Hinterflanken nebst Unterschwanzdecken trüb zimtbraun mit schwarzer Bänderung. Schnabel schwarz, Orbitalhaut blaugrau, Beine blaugrau.

Hennen unterscheiden sich durch dunkleren Scheitel und das Fehlen von Zimtrot auf den Schopffedern. In beiden Geschlechtern existiert eine Rotphase, die früher als eigene Art unter dem Namen *O. veraguensis* geführt wurde und im Verbreitungsgebiet häufig auftritt. Bei ihr variiert die Schopffärbung von zimt- bis kastanienbraun, die Oberseite ist heller, die Unterseite zimtbraun.

In Panama bewohnt die Art bewaldete Berghänge in Höhen zwischen 1250 und 2100 m und ist auf die pazifische Gebirgsabdachung beschränkt. Ihre Anwesenheit verraten die Vögel durch charakteristische Scharrstellen, an denen das Falllaub beiseite gekratzt ist und der nackte Boden zutage tritt. Ihre dauernd wiederholte Rufserie lässt sich mit „wiit-o-wet-to-wio-hu“ wiedergeben. Ein gelegentliches Durcheinander der Töne dürfte sehr wahrscheinlich auf gleichzeitiges Rufen eines Paares, einen Duettgesang, zurückzuführen sein. Die Partner eines gekäfigten Paares riefen gleichzeitig, hatten aber verschiedene Stimmen. Über die Brutbiologie ist so gut wie nichts bekannt.

Singwachteln *(Dactylortyx)*

Bergwaldbewohner wie die meisten *Odontophorus*-Zahnwachteln sind auch die ihnen verwandten Singwachteln Mexikos und Zentralamerikas. Sie sind durch einen relativ schwachen Schnabel, robuste Läufe mit langen Zehen und sehr langen Krallen, eine kurze Hinterkopfhaube und den sehr kurzen 12-fedrigen Schwanz charakterisiert. Die Geschlechter sind verschieden gefärbt.

Singwachtel *(Dactylortyx thoracicus)*

Einzige Art dieser Gattung ist die Singwachtel, von der zahlreiche Unterarten beschrieben wurden, von denen zurzeit zehn anerkannt werden:

D. t. thoracicus: Nordost-Puebla, Zentral-Veracruz.

D. t. devius: Eichenwälder von Jalisco.

D. t. sharpei: Tropische Wälder der Ebenen in Campeche, Yukatan und Quintana Roo südwärts bis Guatemala.

D. t. chiapensis: Bergwälder von Zentral-Chiapas.

D. t. colophonus: Pazifische Kordillere Guatemalas.

D. t. salvadoranus: El Salvador (Vulkan de San Miguel).

D. t. taylori: Mt. Cacaguatique in El Salvador.

D. t. fuscus: Das Tegucigalpa-Gebiet von Honduras.

D. t. rufescens: Die San-Juancito-Berge von Honduras.

D. t. conoveri: Honduras im Dpt. von Olancho.

Bei Hähnen der Nominatform sind Scheitel und Hinterkopfhaube tiefdunkelbraun, die Stirn und ein breites Überaugenband zimtrötlich; ein von der Unteraugenregion über die Ohrdecken ziehendes Band dunkelbraun; ein angedeutetes Nackenband cremegelb und braunschwarz gebändert; Vorderrücken dunkelbraun mit hellen Schaftstreifen, Hinterrücken und Bürzel trüb ockergelb mit schwarzer Bänderung; Schultergefieder und Armdecken braun mit schwarzer Klecksfleckung, Ersteres dazu mit hellen Schaftstreifen. Kinn, Kehle, Wangen zimtrötlich; Vorderhals, Brust, Bauchseiten und Flanken graubraun mit weißen Schaftstreifen, der Mittelbauch cremeweiß, die Unterschwanzdecken ebenso, dazu schwarz gebändert. Schnabel schwarzbraun, Beine bleigrau.

Bei Hennen sind die Kopfseiten grau, die Kehle weiß, Brust und Bauchseiten zimtbraun.

Singwachteln bevorzugen als Habitate kühle, nebelreiche subtropische Bergwälder, wie sie an den Hängen mittelamerikanischer Vulkanberge häufig auftreten. Durch mehrmaligen Wechsel von Feucht- und Trockenzeiten während des Pleistozäns (Tertiär) muss sich unter dem Einfluss einer interpluvialen Trockenperiode die zusammenhängende Feuchtwalddecke Zentralamerikas nebst ihrer Tierwelt auf die Hänge der Vulkane und Kordilleren zurückgezogen haben und konnte nur dort überleben. Davon war auch die Singwachtel betroffen, deren Populationen nun auf viele kleine, voneinander durch Trockengebiete isolierte Vorkommen beschränkt waren und sich dort zu selbstständigen Unterarten fortentwickelten. Die Nebelwälder wurden und werden vom Menschen abgeholzt, um Raum für Kulturland, woie zum Beispiel Kaffeeplantagen, zu schaffen. Glücklicherweise hat die Singwachtel diese Habitatsveränderung nicht übel genommen, sondern nimmt auch mit dichtem Sekundärbusch, der ihr reichlich Deckung bietet, vorlieb.

Außerhalb der Brutzeit wird sie in Trupps von vier bis zwölf Tieren angetroffen. Mit Beginn der Fortpflanzungszeit erschallt der laute Gesang der Paare. Die drosselartige Gesangstrophe hat unter den Lautäußerungen von Hühnervögeln nicht ihresgleichen und ist bei den Mexikanern sehr beliebt. Sie setzt mit einer Abfolge von vier immer lauter, schneller und höher werdenden Pfiffen ein, auf die eine Reihe von drei bis sechs schnell vorgetragenen Sätzen unterschiedlicher Lauthöhe folgt.

Durch Beobachtung von in Menschenobhut befindlichen Singwachtelpaaren weiß man, dass beide Partner an der Strophe beteiligt sind: Der Hahn beginnt in Intervallen von 2 bis 3 Sekunden mit der Einleitung, worauf sich die Henne nahtlos mit ihrem Strophenteil anschließt und die Gesamtstrophe wie von einem einzigen Vogel gesungen klingt. Wir haben es also mit einem antiphonalen Gesang zu tun.

Über die Brutbiologie ist nur wenig bekannt. Ein in seiner Struktur nicht beschriebenes Nest enthielt ein Gelege aus fünf isabellfarbenen Eiern.

Langbein-Zahnwachteln *(Rhynchortyx)*

Wenig größer als unsere Wachteln sind die zentralamerikanischen Langbein-Zahnwachteln, welche sich durch einen relativ großen, sehr dicken Schnabel, lange Läufe, sehr kurze Zehenkrallen sowie den kurzen 10-fedrigen Schwanz auszeichnen. Die Geschlechter sind sehr verschieden gefärbt.

Langbein-Zahnwachtel *(Rhynchortyx cinctus)*

Die Verbreitung der einzigen Art der Gattung erstreckt sich von Honduras bis nach Nord-Kolumbien und Nordwest-Ecuador.

Drei Unterarten wurden beschrieben:

R. c. cinctus: Karibische Abdachung Costa Ricas, süd- und ostwärts bis Panama an beiden Abdachungen.

R. c. pudibundus: Karibische Ebenen von Honduras bis Nicaragua.

R. c. australis: Nordwest-Kolumbien, Nordwest-Ecuador.

Bei Hähnen sind Scheitel und Hinterhals dunkelbraun, Stirn und Kopfseiten zimtrot; ein dunkler Augenstreifen; Mantel und Oberrücken dunkelgrau, die Federn breit kastanienbraun gesäumt; Unterrücken, Bürzel und Oberschwanzdecken grau mit ockriger Tönung, zart schwarzer Streifung und Tropfenfleckung; Schultergefieder schwarz mit zimtrötlicher Sprenkelung; Flügeldecken grau, auf den Innenfahnen schwarz endgefleckt; Handschwingen schwarzbraun; Kinn und Kehle weißlich, zur Brust hin in Blaugrau übergehend; Unterbrust und Bauchseiten rostgelblich, Letztere oft mit brauner Bänderung; Mittelbauch cremeweiß. Schnabel und Beine bleigrau.

Bei Hennen sind Kehle und Augenstreif weißlich, Wangen, Brust und Vorderflanken fuchsrot, die übrige Unterseite weiß mit schwarzer Bänderung auf den Flanken.

Habitate der Art sind außer Regenwäldern der Ebenen auch Bergwälder bis in Höhen von 1400 m. Über die Biologie dieser sehr heimlich im Unterholz des Waldes lebenden Vögel sind wir nur ganz unzureichend unterrichtet. Man trifft sie paarweise und in Trupps aus bis zu acht Vögeln an. Bei Gefahr stoßen sie ein Zwitschern aus. Die kurzen Krallen deuten auf nur geringe Scharrtätigkeit hin, während der ungewöhnlich starke Schnabel zum Knacken harter Fruchtschalen dienen dürfte.

Baumwachteln *(Colinus)*

Die große Gruppe der Gattung *Colinus* wollen wir bei der Besprechung mit ihrem sehr populären amerikanischen Namen „Bobwhite" benennen. Er ist phonetischen Ursprungs und entspricht dem Standortruf der unverpaarten Hähne.

Bobwhites (sprich: Bobweits) sind Zahnwachteln zwischen Wachtel- und Rebhuhngröße von rundlicher Gestalt, mit kleiner Stirnhaube, rundlichen Flügeln sowie gerundetem 12-fedrigem Schwanz. Die Geschlechter sind meist wenig verschieden gefärbt.

Die vier Arten sind Wiesensteppen-, Savannen- und Waldsaumbewohner, deren Verbreitung vom östlichen Nordamerika bis ins nördliche Südamerika reicht. Sie sind Bodenbewohner, die nicht aufbaumen und die Nacht dicht gedrängt in Igelstellung mit den Köpfen nach außen auf dem Erdboden verbringen. Sie bauen einfache Nester und legen einheitlich cremefarbene, nur bei der Haubenwachtel gefleckte Eier. Der Hahn beteiligt sich am Nestbau, bewacht die brütende Henne und zieht gemeinsam mit ihr die Küken groß.

Das Entstehungszentrum der Colinus-Gruppe vermutet Johnsgard (1973) im Hochland Süd-Mexikos. Von dorther könnte eine allmähliche Ausbreitung in nördliche Richtung nach Nordamerika *(C. virginianus)*, ostwärts in die Karibischen Ebenen *(C. nigrogularis)* sowie in südlicher Richtung *(C. leucopogon, C. cristatus)* erfolgt sein. In Verbindung damit bildeten sich regionale Variationen in der Gefiederpigmentierung aus, die wohl meist auf unterschiedliche Luftfeuchtigkeit und den Vegetationscharakter der betreffenden Region zurückzuführen sein dürften. Bei den südlichsten Formen bildete sich eine Kopfhaube aus.

Skelettunterschiede zwischen Vertretern der *Colinus*-Gruppe erwiesen sich als äußerst gering. Aus allem lässt sich auf eine noch recht junge evolutionäre Divergenz der Formen schließen. Die Zersplitterung des ehemals zusammenhängenden Areals von Colinus wird wahrscheinlich auf eine rezente Kaltzeit zurückzuführen sein, als deren Ergebnis die gegenwärtigen Unterarten und Arten entstanden.

Die Virginiawachtel – hier ein Hahn – ist die bekannteste Art der Gattung Colinus.

Virginiawachtel *(Colinus virginianus)*

Bekanntester Vertreter der Gattung ist der nord- und mittelamerikanische Bobwhite, die Virginiawachtel, deren zahlreich beschriebene Unterarten wohl zukünftig nicht alle anerkannt bleiben werden:

C. v. virginianus: Südwest-Maine südwärts bis Delaware, Maryland, Zentral-Virginia, westwärts bis Pennsylvania, ferner die südliche Atlantikküste von Virginia bis Nord-Florida und Südost-Alabama.

C. v. floridanus: Halbinsel Florida.

C. v. cubanensis: Kuba und Fichteninsel (Isle of Pines).

C. v. taylori: Süs-Dakota südwärts bis Nord-Texas, ostwärts bis West-Missouri und Nordwest-Arkansas.

C. v. texanus: Südwest-Texas bis Nord-Mexiko, Cohuila, Nuevo Leon und Tamaulipas.

C. v. ridgwayi: Nördliches Zentral-Sonora, in Arizona ausgerottet.

C. v. maculatus: Zentral-Tamaulipas, südwärts bis Nord-Veracruz, westwärts bis zum Südosten von San Luis Potosi.

C. v. aridus: Zentral- und westliches Zentral-Tamaulipas südwärts bis zum Südosten von San Luis Potosi.

C. v. graysoni: Südost-Nayarit, Süd-Chalisco südwärts zum Tal von Mexiko, Morelos, Süd-Hidalgo, südliches Zentral-San Luis Potosi.

C. v. nigripectus: Puebla, Morelos, Mexiko.

C. v. pectoralis: Östliche Gebirgshänge in Zentral-Veracruz.

C. v. godmani: Tiefland von Veracruz.

C. v. minor: Nordost-Chiapas, Tabasco.

C. v. atriceps: Inneres von West-Oaxaca.

C. v. thayeri: Nordost-Oaxaca.

C. v. harrisoni: Südwest-Oaxaca.

C. v. coyolcos: Pazifikküste von Oaxaca und Chiapas.

C. v. salvini: Südliches Küstengebiet von Chiapas.

C. v. insignis: Süd-Chiapas und angrenzendes Guatemala (Rio Chiapas-Tal).

C. v. nelsoni: Äußerstes Süd-Chiapas (fragliche Unterart).

Die Unterarten variieren hauptsächlich in der Ausdehnung von Weiß und Schwarz im Bereich der Kehle sowie der Unterseite. Letztere kann vorwiegend weiß oder weiß mit Schwarzbänderung oder ausgedehnt zimtfarben und kastanienbraun gefärbt sein. Da das Verbreitungsgebiet der Art mit Ausnahme einiger geografisch isolierter Unterarten recht kontinuierlich ist und die Unterschiede im klinalen Bereich liegen, wird man bei *C. virginianus* von einer klinalen Verbreitung sprechen können.

Bei der Nominatform sind die Geschlechter verschieden gefärbt. Hähne besitzen einen rotbraunen, schwarz gesäumten Oberkopf und Nacken, eine breite weiße, bis in die Nackenregion ziehende Überaugenbinde und darunter ein vom Zügel, der Unteraugenregion und den Ohrdecken ziehendes und die weiße Kehlregion säumendes schwarzes Band. Ein Seitenhalsfleck ist schwarz und weiß getupft. Rücken und Flügel rostbraun mit schwarzer und gelbbrauner Bänderung und Fleckung; Schultern und Armdecken mit schwarzen Klecksflecken. Kropf und Brust rotbraun mit weißen, schwarz gesäumten Flecken, die auf den lebhaft rostbraunen Seiten und Flanken in lange weiße, schwarz gesäumte Längsbänder übergehen; Bauchmitte isabellfarben. Schnabel schwarz, Beine gräulich fleischfarben.

Bei Hennen sind Überaugenbinde, Stirn und Kehle braungelb, die Wangen zimtbraun, die übrige Gefiederfärbung matter als bei Hähnen.

Auch eine Rotphase der Art ist aus freier Wildbahn bekannt. Die Habitatansprüche der Virginiawachtel weichen nicht allzu sehr von denen des heimischen Rebhuhns ab: Beide bewohnen Kulturland (Wiesen, Getreidefelder, Brachland mit reichlichem Wildwuchs usw.) und benötigen Hecken zum Schutz vor Raubwild und Kaltwetterperioden. Der Bobwhite gehört zu den wenigen Tierarten

Nordamerikas, die von der Besiedlung des Landes profitiert, sie hat nämlich mit der landwirtschaftlichen Erschließung des Landes durch die Europäer ihr Verbreitungsgebiet weit nach Westen und Norden ausgedehnt.

Während der kalten Jahreszeit leben diese Zahnwachteln in Trupps aus zehn bis 15 Vögeln zusammen, die ihr Revier wie beim Rebhuhn gegen andere Wintergesellschaften verteidigen. Sie baumen niemals auf und verbringen die Nächte dicht aneinander geschmiegt die Köpfe nach außen gerichtet auf dem Erdboden, durch gegenseitiges Wärmen vor Erfrierungen und vor Bodenfeinden durch die Aufmerksamkeit aller Truppmitglieder geschützt. Schon eintägige Küken nehmen diese angeborene Igelstellung ein. Zeitig im Frühjahr lösen sich die Wintergesellschaften auf und die Paare beziehen ihre Brutreviere. Man hört dann überall den altbekannten Bobwhite-Ruf, der aber nur von unverpaarten Hähnen gebracht wird. Fällt der Revierhahn aus, übernehmen sie sofort dessen Rolle, was zur Sicherung des Artbestandes beiträgt.

Beide Partner eines Brutpaares beteiligen sich am Nestbau, scharren trockene Blätter in eine Erdmulde und ziehen benachbarte Grashalme baldachinartig über das Nest, es dadurch nach oben hin tarnend. Das Vollgelege aus durchschnittlich 14 cremeweißen Eiern wird von der Henne in 22 bis 23 Tagen erbrütet. Der Hahn bewacht das Nest, und das Paar zieht die Küken gemeinsam groß. Diese sind in acht Wochen ausgewachsen und nach drei Monaten erscheinen bei den jungen Männchen Hahnenfedern.

Die Virginiawachtel ist für die USA und Kanada von nicht zu unterschätzender wirtschaftlicher Bedeutung und gilt als das am stärksten genutzte Federwild der Erde. Drei Millionen Jäger erlegen alljährlich nahezu 20 Millionen Bobwhites. Erhaltungsagenturen, Organisationen und Privatleute geben allein für das Management Millionen Dollar aus. Die in Farmen gezogenen Jungwachteln werden in geeigneten Jagdrevieren ausgewildert, was leider auch zu Vermischungen der Unterarten großen Maßstabs geführt hat. Für nördliche Gebiete der USA und das südliche Kanada hat man besonders große, robuste und winterharte Stämme, die „Northern Bobwhites", erzüchtet.

Durch Selektion von Wachteln der roten Farbphase entstanden die sattkastanienroten „Red Bobs"; eine in der Grundfärbung stark aufgehellte, isabellgelbe Mutante ist als „Blond Bob" bekannt. Auch schneeweiße und schwarze Stämme gibt es. Diese Farbabnormitäten werden vor allem von Liebhabern zur Volierenhaltung geschätzt. In Europa, besonders Frankreich und England, hat es nicht an Versuchen gefehlt, die kleine Nordamerikanerin als Jagdwild einzubürgern, und erste Versuche in England gehen auf den Beginn des 19. Jahrhunderts zurück. Nach Anfangserfolgen starben die Bobwhites aber bald wieder aus. In Frankreich, wo zwischen 1960 und 1970 in 67 Departements etwa 200.000 Bobwhites ausgewildert worden waren, konnten 1975 nur ganze drei stabile Populationen nachgewiesen werden.

Tupfenwachtel *(Colinus leucopogon)*

In Zentralamerika wird die Gattung *Colinus* von Süd-Guatemala bis Costa Rica von der Tupfenwachtel vertreten, von der sechs Unterarten unterschieden werden:

C. l. leucopogon: Östliches El Salvador.
C. l. incanus: Süd-Guatemala.
C. l. hypoleucus: Westliches El Salvador.
C. l. leylandi: Honduras.
C. l. sclateri: Nicaragua.
C. l. dickeyi: Costa Rica.

Die Geschlechter sind verschieden gefärbt. Hähne sind oberseits zart graubraun oder schwarzbraun wellengebändert, am dunkelsten auf Unterrücken, Bürzel und Schwanz; auf Rücken, Schultern und Armdecken auffallende schwarze Flecke. Bei den Unterarten von El Salvador nordwärts bis Guatemala *(leucopogon, hypoleucus, incanus*) sind Stirn, Überaugenband und Kehle weiß, die Unterseite ist entweder einfarbig weiß *(hypoleucus)* oder dicht weiß gefleckt *(leucopogon)*. Die Unterarten von Honduras bis Costa Rica *(leylandi, sclateri, dickeyi)* dagegen besitzen eine braune Kehle mit schwarzem Saum *(sclateri)* oder eine schwarze Kehle mit weißem Saum *(leylandi)*. Die Unterseite dieser Unterarten ist dunkelrotbraun bis hellgraubraun mit weißer oder gelblicher Fleckung.

Bei den Hennen sind Überaugenband und Kehle cremefarben, die Letztere dazu schwärzlich gesprenkelt; Unterseite cremegelb, unterschiedlich gestreift und gebändert, auf Bauchseiten und Flanken dicht weiß gefleckt.

In der ariden tropischen Zone Zentralamerikas bewohnt die Art gleiche Habitate wie die nördlichen Bobwhites, nämlich buschreiche Waldränder, Dickichte, Grasland und Kultursteppe in Höhen unter 1500 m. Die Bobwhite-Rufe der Hähne gleichen weitgehend denen der nördlichen Verwandten. Auch die noch unbekannte Brutbiologie dürfte der von *C. virginianus* entsprechen.

Haubenwachtel *(Colinus cristatus)*

Südlich des Verbreitungsgebietes der Tupfenwachtel lebt in Panama und dem Norden Südamerikas die nahe verwandte Haubenwachtel, von der 14 Unterarten beschrieben wurden.

C. c. cristatus: Äußerstes Nord-Kolumbien auf der Guajira-Halbinsel und der Ost-Basis der Santa-Maria-Berge.

C. c. mariae: Panama (Chiriqui).

C. c. panamensis: Westliche Ebenen Panamas.

C. c. decoratus: Karibikküste Kolumbiens.

C. c. littoralis: Nord-Kolumbien entlang der Nord-Basis der Santa-Maria-Berge.

C. c. badius: Das Caucatal bis zur pazifischen Abdachung der West-Anden Kolumbiens.

C. c. leucotis: Nord-Kolumbien im Magdalena- und Sinu-Tal.

C. c. bogotensis: Östliches Mittel-Kolumbien.

C. c. parvicristatus: Nordost-Kolumbien (Ost-Hänge der östlichen Anden), Venezuela (Nord-Amazonien, Nordwest-Bolivar, oberes Apure-Tal).

C. c. horvathi: Nordwest-Venezuela (Merida-Anden).

C. c. continentis: Norwestliche Küstengebiete Venezuelas.

C. c. barnesi: Nördliches Zentral-Venezuela.

C. c. mocquersi: Nordost-Venezuela.

C. c. sonnini: Küstengebiete Nord-Venezuelas, die Guayanas, äußerstes Nord-Brasilien (Amazonas in der Provinz Anap).

Die Geschlechter sind wenig verschieden gefärbt. Unter Berücksichtigung aller 14 Unterarten, deren Färbungsunterschiede innerhalb einer klinalen Variationsbreite liegen, ergibt sich folgende Beschreibung:

Bei Hähnen sind nur die Stirn oder der ganze Scheitel sowie die langen, nach vorne gebogenen Haubenfedern weiß oder cremegelb; Hinterhals und Halsseiten, manchmal auch der Vorderhals schwarz und weiß gefleckt; Kehlfärbung je nach der Unterart weiß, cremegelb, rostbraun, zimtrot, manchmal schwarz

Als Tropenbewohner muss die Haubenwachtel warm überwintert werden.

gefleckt oder mit schwarzem Seitenband versehen; Ohrdecken weiß oder cremegelb, oben und unten durch einen schwarzen oder rötlich orangefarbenen Saum begrenzt. Oberseite zart grau, braun und schwarz gesprenkelt; Schultergefieder und Armdecken mit schwarzen Endflecken, die Federn oft weiß bis cremegelb gesäumt; Unterseite mit großen weißen, schwarz gesäumten Tropfenflecken, im Übrigen cremegelb bis zimtbraun. Schnabel schwarz, Beine hellblaugrau. Hennen tragen eine viel kürzere Haube, die wie der ganze Oberkopf braun bis ledergelb gesprenkelt oder zart gestreift ist.

Die Habitate unterscheiden sich nicht von denen der Tupfenwachtel. Durch großräumige Waldrodungen ist die Tropfenwachtel erst in neuerer Zeit südwärts bis zum Amazonas vorgedrungen. Der Bobwhite-Ruf wird von den Hähnen hastiger ausgestoßen als von Virginiawachteln.

Vollgelege enthalten acht bis 16 braun gefleckte oder gesprenkelte Eier, aus denen nach 22- bis 23-tätiger Erbrütung die Küken schlüpfen.

Haubenwachteln werden nur sehr selten eingeführt und wurden in den USA sowie in Kanada gezüchtet. Die Zuchtstämme starben mangels Zufuhr fremden Blutes nach einigen Generationen durch Inzucht aus. Diese Tropenbewohner müssen in Mitteleuropa warm überwintert werden. Da sie zu panikartigem Auffliegen neigen, sollten die Handschwingen eines Flügels kupiert werden.

Schwarzkehl-Zahnwachtel *(Colins nigrogularis)*

In Zentralamerika von der Yukatan-Halbinsel südwärts bis Honduras und Nicaragua lebt die schöne Schwarzkehl-Zahnwachtel.
Es wurden drei Unterarten beschrieben:

C. n. nigrogularis: Belize und benachbarte Gebiete Nord-Guatemalas in Petén.
C. n. caboti: Ost-Campeche, Yukatan.
C. n. segoviensis: Nordost-Honduras, Nord-Nicaragua.

Die Geschlechter sind verschieden gefärbt. Beim Hahn ist der Oberkopf dunkelbraun; ein weißes Band über dem Vorderscheitel verlängert sich zu einer Überaugenbinde. Stirn, Hügel sowie ein beiderseits der Augen und über die Ohrdecken verlaufendes Band schwarz; darunter ein weißes Band, das von der Unteraugenregion über die Wangen zieht und die schwarze Kehle säumt. Hinter- und Seitenhals sowie Mantel rötlich orange mit Weißfleckung: Oberseite grau und braun gesprenkelt und gebändert; Brust und Bauch weiß mit schwarzer Federsäumung; Flanken und Unterschwanzdecken weiß mit kastanienbrauner Federsäumung. Schnabel sepiabruan, Beine bräunlich bis schieferblau.

Bei Hennen, die den nordamerikanischen Bobwhite-Webichen sehr ähneln, sind Überaugenband nebst Kehle rötlich isabellfarben, die Unterseite weiß mit schwarzer und rötlich organgefarbener Bänderung und Streifung.

Als Habitate bewohnt die Art offene Kieferntrockenwälder, Savannen und Halbwüstengebiete, die wasserlos sein können. Der Wasserbedarf wird dann durch sukkulente Pflanzenteile und Insekten gedeckt. Gern halten sich die Wachteln in den zahlreichen Sisalagaven-Plantagen auf. Die Stimme soll von der von *C. virginianus* nicht unterscheidbar sein.

Die Gelegestärke ist nocht unbekannt, dürfte aber wohl der des Bobwhite entsprechend. Die Brutdauer beträgt 23 bis 24 Tage. Außerhalb der Brutzeit ziehen die Vögel in Trupps aus zwölf bis 20 Vögeln umher.

Nach Erfahrungen in den USA soll es schwierig sein, mit dieser schönen Zahnwachtelart Zuchten aufzubauen. Wildfänge bleiben lange scheu und geraten bei der kleinsten Störung in Panik. Deshalb sollten stets die Handschwingen eines Flügels beschnitten werden. Ferner ist die Art sehr anfällig gegen Darmerkrankungen, weshalb eine hygienische Haltung ganz besonders wichtig ist. In den USA hält man deshalb die Zuchtpaare außerhalb der Brutzeit auf Drahtböden. Küken neigen während der Kunstaufzucht häufig zu Kannibalismus. Man sollte ihnen während dieser Zeit möglichst viel tierische Nahrung in Form von Mehlwürmern, gereinigten Fliegenmaden und Ameisenpuppen reichen. Die gegenwärtig im Handel angebotenen Schwarzkehlwachteln sind häufig nicht reinrassig, sondern Mischlinge mit verschiedenen Bobwhite-Unterarten.

Harlekin-Zahnwachteln *(Cyrtonyx)*

Bunt gefärbt und lebhaft gemustert sind die Harlekin-Zahnwachteln der südlichen USA und Mexikos südwärts bis Honduras und El Salvador. Die beiden Arten der Gattung sind größer als unsere Wachtel, besitzen eine ausgeprägt runde Körperform sowie eine breite herabhängende, nicht aufrichtbare Nackenholle, die bei Erregung seitwärts ausgebreitet wird. Der kurze Schnabel ist hoch und kräftig, die Läufe sind kurz und stämmig mit robusten Zehen und sehr langen Krallen. Der 12-fedrige Schwanz ist so kurz, dass sich die Steuerfedern kaum von den Oberschwanzdecken unterscheiden lassen. Die Geschlechter sind verschieden gefärbt.

Montezuma-Wachtel *(Cyrtonyx montezumae)*

Diese Art bewohnt Teile Arizonas, Neu Mexikos sowie West-Texas, Mexiko bis Oaxaca.

Fünf Unterarten wurden beschrieben:

C. m. montezumae: Mexiko von Michoacan, Oaxaca, Dem Distrito Federal, Hidalgo und Pueblo nord- und ostwärts bis Nueva Leon und ins westliche Zentral-Tamaulipas.

Typisch für die Montezuma-Wachtel ist die klare, wunderschöne Zeichnung.

C. m. mearnsi: Westliches Mittel-Texas, zentrales Neu Mexiko, Mittel-Arizona südwärts bis Nord-Coahuila (Mexiko).

C. m. merriami: Veracruz (Orizaba-Berg).

C. m. sallei: Mexiko von Michoacan südwärts durch Guerrero bis ins östliche Zentral-Oaxaca.

C. m. rowleyi: Guerrero.

Bei Hähnen weist der Kopf eine volle herabhängende Haube breiter, weicher Federn auf, die auf Hinterkopf und Nacken am längsten und dort stark gekrümmt und roströtlich gefärbt sind. Stirn in der Mitte schwarz, jederseits weiß gesäumt, die Augenumgebung weiß, schwarz umsäumt; Kehle schwarz, jederseits von einem weißen Wangenstreif umgrenzt und hinten von einen weißen, schwarz gesäumten Band umgeben. Hinterhals, Mantel, Vorderrücken rostbraun, die Federn breit schwarz gestreift und sahnegelb geschäftet, der Hinterrücken ohne diese Schäftung. Flügel rotbraun, die Federn heller geschäftet mit schwarzen Tropfenpunkten auf den Fahnen. Brustseiten, Flanken schwarz und mit großen weißen Rundflecken bedeckt. Kropf, Brust, Bauchmitte kastanienbraun, die übrige Unterseite schwarz. Schnabelfirst schwarz, übrige Schnabelteile hellbläulich, Beine hellblau. Hennen besitzen einen hellrostbraunen Oberkopf mit schwarzen Federzentren, weißlicher Augenumgebung; Ohrdecken, Kehle und Wangen rostbraun, vom schwarzen Kehlstreif umsäumt; Oberseite wachtelfarben, Brust graubraun, übrige Unterseite ockergelblich mit schwarzen Querbinden auf den Flanken und schwarzen pfeilförmigen Flecken auf dem Bauch.

Habitate der Art sind lichte grasige Bergwälder aus Kiefern und Eichen in Höhen von 1200 bis 1700 m. Ihr Vorkommen dort ist vor allem von reichliche Cyperngras- und Sauerkleebeständen abhängig, von deren Wurzelknollen sie größtenteils lebt. Dicht beieinander stehend graben kleine Trupps der Wachteln mit ihren kräftigen Läufen und langen Krallen auf der Suche danach tiefe Löcher in den Boden.

In Arizona fällt die Hauptbrutzzeit in den August, wenn der Regen zu reichlichem Pflanzenwuchs und zur Insektenvermehrung führt und die Aufzucht der Küken dadurch gesichert ist. Am Bau des Nests beteiligen sich beide Partner. Das Nest ist eine durch oben zusammengezogene Grashalme überdachte Kammer mit seitlichem Eingang.

Das Vollgelege aus sechs bis 16 weißen Eiern wird von der Henne in 25 bis 26 Tagen erbrütet. Beide Partner ziehen die Küken groß. Sie erreichen ihr Erwachsenengewicht in zehn bis elf Wochen.

Die Stimme der Montezuma-Wachtel ist viel leiser und das Repertoire nicht so vielfältig wie bei den nahe verwandten waldbewohnenden Gattungen *Dactylortyx* und *Odontophorus*. Auf offenem Gelände und bei ständigem Sichtkontakt ist das nicht notwendig. Aus gleichem Grund ist auch der sexuelle Gefieder-Dimorphismus bei *Cyrtonyx* unter den Zahnwachteln am stärksten ausgeppрägt.

Bei Liebhabern oder in zoologischen Gärten wird man diese eigenartig schöne Zahnwachtel nur sehr selten antreffen, denn sie gehört in Haltung und Zucht zu den heikleren Arten. Am zweckmäßigsten bietet man ihr eine große, gut bepflanzte Voliere. Zwar ist sie ein sehr ruhiger Vogel, neigt aber zu plötzlicher Panik mit senkrechtem Flug gegen die Volierendecke, wobei sie sich oft verletzt oder das Genick bricht. Deshalb sollten vor allem neu beschafften Vögeln die Handschwingen einer Seite beschnitten werden.

Manche Weibchen greifen ihre Hähne wütend an und eine mehrtägige Trennung des Paares ist dann zu empfehlen. Hennen legen erst im zweiten Lebensjahr. Die Legetermine fallen in die Zeit zwischen Juni und August. Von entscheidender Wichtigkeit für eine erfolgreiche Zucht sind dauernde Beigaben von Grünzeug sowie geriebener Möhre zum Futter. Als Hauptfutter wird ein Gemisch aus Krümelpellets, Hirsearten, Insektenfressermischung und Mehlwürmern empfohlen.

Tränenwachtel *(Cyrtonyx ocellatus)*

Die zweite Art der Gattung, vielleicht aber auch nur die südlichste Unterart der Montezuma-Wachtel, ist die Tränenwachtel Mexikos (in Chiapas), Guatemalas, El Salvadors, Honduras' und Nord-Nicaraguas.

Die Unterschiede der beiden Formen bestehen hauptsächlich in einer anderen Färbung der Unterseite. Diese ist bei der Tränenwachtel im Brustbreich ockergelb, auf den Brustseiten grau mit cremegelber Fleckung und dem Bauch rotbraun mit schwarzer Flankenbänderung.

Hennen sind denen der Unterart *C. montezumae sallei* recht ähnlich, aber obersetis dunkler, stärker ockerfarben und unterseits weniger rötlich.

Habitate der Tränenwachtel sind die oberen Regionen der Kiefernwälder in der ariden Tropenzone Mittelamerikas in Höhen zwischen 1500 und 2100 m. So weit bekannt unterscheiden sich Lebensweise und Fortpflanzungsbiologie nicht von denen der Montezuma-Wachtel, doch sollten im Stimmenrepertoire beträchtliche Unterschiede zwischen beiden Formen bestehen.

Anhang

Danksagung

An dieser Stelle sei all denen gedankt, die zu der Aktualisierung und Bildbeschaffung der neuen Auflage dieses Buches beigetragen haben:

Hubert Jütten (Sekretariat WPA) für die Informationen zu den rechtlichen Voraussetzungen für die Kleinhuhnhaltung.

Heiner Jacken (Redaktion WPA) für Informationen zu Systematik und Statur sowie für die Hilfe bei der Bildbeschaffung.

Ariel Jacken für die Beschaffung von Bildmaterial.

Heiko Hoeger, Johannes Pfleiderer, René Wüst und Fin-qi für Bereitstellung von Fotomaterial.

Werner Lantermann für die fachliche Beratung.

Wichtige Adressen:

World Pheasant Association (WPA) Sektion Deutschland e.V.
www.wpadeutschland.de

Zoologische Gesellschaft für Arten- und Populationsschutz e.V. (ZGAP)
www.zgap.de

Glossar

adaptabel: anpassungsfähig.

adult: erwachsen.

Allopatrie: das Vorkommen in verschiedenen, sich nicht überschneidenden Gebieten (Arealen).

Allospezies: das Glied einer Superspezies.

antiphonaler Gesang: wechselseitiger Gesang verpaarter Vögel.

Areal: Siedlungsgebiet einer Art.

arid: wüstenhaft.

Biotop: ein durch charakteristische Tier- und Pflanzenarten gekennzeichneter Lebensraum.

Dimorphismus: hier meist Geschlechtsdimorphismus; die Verschiedenheit (in Farbe und/oder Größe) zwischen Männchen und Weibchen.

disjunkte Verbreitung: unzusammenhängende Verbreitung.

DNS (engl.: DNA): Abkürzung für Desoxyribonukleinsäure; Träger der Erbsubstanz, vorwiegend im Zellkern lokalisiert und bei den meisten Organismen das genetische Material bildend. Vergleiche der DNS unterschiedlicher Arten geben Aufschluss über den Verwandtschaftsgrad endemischer, das heißt nur in einem bestimmten Gebiet vorkommender Arten.

Eozän: Epoche des Tertitärs in der Zeit vor 55 bis 40 Millionen Jahren.

Evolution: stammesgeschichtliche Entwicklung der Lebewesen.

Familie: systematische Hauptkategorie direk oberhalb der Gattung oder Unterfamilie und unterhalb der Ordnung.

Farbphase: konstant auftretende Farbvarianten bei der gleichen Art.

Gattung (syn.: Genus): systematische Kategorie, in der meist mehrere nahe verwandte Arten zusammengefasst werden.

genetisch: auf der Genetik (Vererbungslehre) beruhend.

Habitate: das standortbedingte (typische) Vorkommen von Lebewesen; in der angelsächsischen Literatur oft als Synonym zu dem Begriff „Biotop“ gebraucht.

Hybride: Mischling.

Hybridpopulation: Kreuzungsprodukt von zwei Unterarten, Arten oder Gattungen.

Invasionsvogel: eine Vogelart, die wie beispielsweise die Wachtel plötzlich in großer Zahl in einem Gebiet erscheint, das sie sonst nicht regelmäßig bewohnt.

juvenil: jung.

klinale Variation: Bei vielen kontinentalen Arten auftretende, normale Form der geografischen Variation, bei der sich bestimmte Merkmale (Körpermaße, Farbe) allmählich in eine bestimmte Richtung verändern. Das Resultat ist ein Klin bzw. eine Kline.

komplexe Gruppe: wörtlich „vielschichtige Gruppe"; eine in einer einzigen Gattung zusammengefasste Zahl von Arten, die äußerlich nahe verwandt zu sein scheinen, in Wirklichkeit jedoch von mehreren Urahnen abstammen (Beispiel: Frankoline).

Konvergenz: Ähnlichkeit von nicht miteinander verwandten Arten als Folge gleicher oder ähnlicher Umweltbedingungen (Beispiel: Wachteln und Laufhühnchen).

Monogamie: Einehigkeit.

monogyn: einweibig.

monotypische Gattung: aus nur einer Art bestehende Gattung.

monophyletisch: einstämmig, von einer einzigen Urart stammend.

Morphe: Farbvariante bei einer Art.

Mutation: spontane oder indizierte erbliche Veränderung.

Myombo: Pflanzenformation der mittelafrikanischen Feuchtsavanne mit Laub abwerfenden Leguminosenbäumen (Leitform: Brachystegia).

neotropische Region: tropische und subtropische Gebiete Mittel- und Südamerikas.

Palaearktis: tiergeografisches Gebiet, das außertropische Eurasien, Nordafrika und den größten Teil Arabiens umfassend.

paraphyletisch: auf eine Stammart oder Stammgruppe gleichen oder niederen Ranges zurückgehend, aber nicht alle ihre Nachkommen umfassend.

phaenetische Untersuchung: Untersuchung der äußeren Kennzeichen einer Tierart im Gegensatz zur genetischen Untersuchung.

Pleistozän: Eiszeitalter, Unterabteilung der Quartärs, der Neuzeit.

plesiomorph: ursprünglich.

Pluvialzeit: pleistozäne Periode erhöhter Niederschlagstätigkeit in den Tropen und Subtropen.

polyphyletisch: mehrstämmig in Bezug auf die Stammesgeschichte.

polytypische Art: eine Art, die in wenigstens zwei Unterarten zerfällt.

Population: Summe der Individuen einer Art in einem bestimmten Gebiet.

Reliktform: eine auf Rückzugsgebiete verdrängte Tierform.

Sahelzone: Zone von Trockensteppen und -savannen zwischen Sahara und Feuchtsavanne, sich in breitem Gürtel von der westafrikanischen Atlantikküste zur Rotmeer-Küste erstreckend

semiarid: halbwüstenhaft.

sukkulent: saftig; hier: stark wasserhaltig.

Superspezies: monophyletische Gruppe von Formen, die sich zu stark voneinander unterscheiden, um als Unterarten in einer Art vereinigt zu werden, oder die sich teils wie Unterarten, teils wie Arten verhalten. Das Wort Rasse (enspricht einer Unterart) wird vorwiegend bei Haustieren gebraucht.

sylvicol: den Wald bewohnend.

Sympathrie: das Vorkommen von Arten, auch Unterarten im gleichen Gebiet.

Systematik: Wissenschaft von der Gliederung der Tiere nach ihrem natürlichen Verwandtschaftsgrad.

Taxon: allgemeine Bezeichnung für eine systematische Gruppe beliebiger Rangstufe, einer Art, Gattung, Familie, Ordnung.

Taxonomie: Wissenschaftszweig der Biologie, der Lebewesen beschreibt, benennt und sie nach ihrem Verwandtschaftsgrad zu natürlichen Gruppen in ein System ordnet.

Tertiär: das auf die Kreidezeit folgende ältere System des Känozoikums (Erdneuzeit).

Unterart: Subspezies.

Wallacea: Nach dem britischen Naturforscher A. R. Wallace benannte zoogeografische Region, die die Inseln Sulawesi (Celebes) nebst Satelliten, die Banggai- und Sulainseln, die Molukken und Kleinen Sundainseln innerhalb der Republik Indonesien umfasst. Sie ist durch Faunenelemente der orientalischen und australischen Region charakterisiert.

Quellennachweis

Abbot, U. K. und Chistensen, G. C.: Hatching and Rearing the Himalayan Snow Partridge in Captivity. J. Wildlife Management 35 (1971)

Alderton, D.: The Atlas of Quails. T. F. H. Publ., Inc. (1992)

Ali, S. und Ripley, S. D.: Compact Handbook of the Bird of India and Pakistan. Öford Univ. Press (1987)

Beehler, B. M., Pratt, T. K., Zimmermann, D. A.: Birds of New Guinea. Princeton Univ. Press (1986)

Bezzel, E.: Vögel, Bd. 2. Spektrum der Natur, BLV Intensivführer (1984) Blake, E. R.: Manual of Neotropical Birds, Vol. 1. Univ. Chicago Press (1987)

Boetticher, H. von: Wachteln, Rebhühner, Steinhühner, Frankoline und Verwandte. Verlagshaus Reutlingen, Oertel+Spörer (1983)

Brehm, A. E.: Ergebnisse einer Reise nach Habesch. Meißner, Hamburg (1863)

Britton, P. L.: Birds of East Africa, their habitat, status and distribution. East Africa Nat. Hist. Soc., Nairobi (1980)

Carroll, J. P.: Family Odontophoridae, in: Handbook of Birds of the World, Vol. 2, p. 412-433, Lynx Editions, Barcelona (1994)

Coates, B. J.: The Birds of Papua New Guinea, Vol. 1. Dove Publ. (1985)

Crowe, T. M. und Crowe, A. A.: The Genus Francolinus as a model for Avian Evolution and Biogeography in Africa: I. Relationships among species. Proc. Intern. Sympos. African Vertebr. Bonn (1985)

Crowe, T. M., Harley, E. H., Jakutowicz, M. B., Komen, J., Crowe, A. A.: Phylogenetic Täonomic and Biogeographical Implications of Genetic, Morpholo- gical, and Behavioral Variation in Francolins (Phasianidae: Francolinus). The Auck 109 (1): 24-42 (1992)

Damme, K.: Eine Huhn-Wachtel-Kreuzung. Gefl.-Börse 19 (1990)

Damme, K. : Wachteln – Zucht und Haltung, Ulmer Verlag, Stuttgart (2011)

Davison, G. W. H.: Systematicy within the genus Arborophila (Hodgson). Fed. Mus. J. (Malaya) 27, 125-34 (1982)

Del Hoyo, J. et al: Handbook of the Birds of the World, Vol. 2 New World Vultures to Guineafowl. Lynx Editions Barcelona (1994)

Dinesen, L., Lehmberg, T., Svendson, J. O., Hansen, L. A., Fjeldsa, J.: A new genus and species of perdicine bird (Phasianidae, Perdicini) from Tanzania. A relict form with Indo-Malayan affinities (Xenoperdix udzungwensis). Ibis 136: 2-11, Heft (1994)

Dwenger, R.: Das Rebhuhn. N. Brehm-Bücherei. Wittemberg (1991)

Frost, P. G. H.: The systematic position of the Madagascar Partridge (Margaroperdix madagarensis (Scopoli). Bull. Br. Ornithol. Club 95: 64-68 (1975)

Gallagher, M. und Woodcock, M. W.: The Birds of Oman. Quartet Books LTD. London (1980)

Ginn, P. J., McIlleron, W. G., Milstein, P. le S.: The Complete Book of Southern African Birds. Strik, Cape Town (1989)

Glutz von Blotzheim, U. N.: Handbuch der Vögel Mitteleuropas, Bd. 3 (Galliformes). Akad. Verlagsges. Frankfurt am Main (1973)

Habermehl, K. H. und Hoffmann, R.: Geschlechts- und Alterskennzeichen am Kopf des Rebhuhnes. Z. Jagdwissenschaft 9 (1963)

Hall, B. P.: The Francolins, A Study of Speciation. Bull. Brit. Mus. Nat. Hist. Zoology, Vol. 10, No. 2 (1963)

Heinrich, G.: Zur Verbreitung und Lebensweise der Vögel von Angola: Tl. 1, J. f. Orn. 99, p. 322 (1958)

Heinroth, O. und Heinroth, M.: Die Vögel Mitteleuropas, Bd. 3. Behrmüller Berlin (1928)

Hennache, A. und Ottaviani, M.: Monographie des faisans, volume 1, 357 pages. Edition WPA France, Clères, France (2005)

Hollom, P. A. D., Porter, R. F., Christensen, S., Willis, I.: Birds of the Middle East and North Africa. T & D Poyser, Calton (1988)

Holmann, J. A.: Osteology of living and fossil New World Quails (Aves, Galliformes). Florida Univ. State Mus. Biol. Bull. 6, 131-233 (1961)

Ilicev, V. D. und Flint, V. E.: Handbuch der Vögel der Sowjetunion, Bd. 4, AULA-Verlag Wiesbaden (1989)

Johnsgard, P. A.: Grouse and Quails of North America. Univ. Nebraska. Lincoln (1973)

Ders.: The Quails, Partridges, and Francolins of the World. Öford Univ. Press (1988)

King, B., Woodcock, M., Dickinson, E. C.: Birds of South-East Asia. Collins (1976)

Kipp, F. A.: Die Gattung Coturnix – eine Invasionsvogelgruppe. Vogelwarte 18, S. 160-64 (1956)

Lynn-Allan, E. H. und Robertson, A. W. P.: Unsere Freunde, die Rebhühner. P. Parey Berlin (1958)

Mac Kinnon, J. und Phillipps, K.: A. Field Guide to the Birds of Borneo, Sumatra, Java and Bali. Öford Univ. Press (1993)

Köhler, D. : Wachtelhaltung: Zucht – Ernährung – Vermarktung, Oertel+Spörer, Reutlingen (2012)

Madge, S. und McGowan, P.: Pheasants, Partridges and Grouse. Christopher Helm, London (2002)

McGowan, P. J. K.: Family Phasianidae, in: Handbook of Birds of the World, Vol. 2, p. 434-552, Lynx Editions, Barcelona (1994)

Meyer De Schauensee, R.: The Birds of China. Öford Univ. Press (1984)

Meinertzhagen, R.: The Birds of Arabia. Oliver & Boyd, London (1934)

Niethammer, G.: Königshühner. Z. Freunde Kölner Zoo (1967)

Potts, G. R.: The Partridge. Collins, London (1986)

Pratt, H. D., Bruner, P. L., Berrett, D. G.: The Birds of Hawaii and the Tropical Pacific. Princeton Univ. Press (1987)

Raethel, H. S.: Hühnervögel der Welt. Neumann-Neudamm (1988)

Reader's Digest: Complete Book of Australien Birds. Publ. Reader‘s Digest Sydney (1986)

Robbins, G. E. S.: Quail, their Breeding and Management. Publ. World Pheasant Ass. Suffolk (1981)

Ders.: Partridges, Their Breeding and Management. Publ. World Pheasant Ass. Suffolk (1984)

Schäfer, E.: Die Fasanen von Ost-Tibet. J. Orn. LXXXVII (1934)

Ders.: Ornithologische Ergebnisse zweier Forschungsreisen nach Tibet. J. Orn. 86 (1938)

Sick, H.: Birds in Brazil. A Natural History. Princeton Univ. Press (1993)

Sibley, C. G. und Ahlquist, J. E.: The relationships of some groups of African birds, based on comparisons of the genetic material, DNA. Proc. Intern. Symp. African Vertebr. Bonn (1985)

Snow, D. W.: An Atlas of Speciation in African Non-Passerine Birds. Trustees of the Brit. Mus. (Nat. Hist.) London (1978)

Stresemann, E.: Aves Beickianae. Beiträge zur Ornithologie von W. Kansu nach den Forschungen von Walter Beick in den Jahren 1926 bis 1933. J. Orn. 85, Heft 3 (1937, 1938)

Stroh, G.: Die Altersmerkmale beim Rebhuhn. Berl. Tierärztl. Wschr. 49 (1933)

Urban, E. K., Frey, C. H., Keith, S.: The Birds of Africa, Vol. II. Academic Press (1986)

Vaurie, C.: The Birds of the Palearctic Fauna; Non Passeriformes. Witherby Ltd. (1965)

White, C. M. N. und Bruce, M. D.: The Birds of Wallacea (Sulawesi, The Moluccas and Lesser Sunda Islands, Indonesia. Brit. Orn. Union, London (1986)

Wolters, H. E.: Die Vogelarten der Erde. Eine systematische Liste mit Verbreitungsangaben sowie deutschen und englischen Namen. P. Parey Berlin (1975 bis 1982)

WPA-News, Nr. 85, Summer 2010

WPA-Rundbrief 1/2010

Register

Register der wissenschaftlichen Namen

T

X